Komplexometrische
und andere
titrimetrische Methoden
des klinischen Laboratoriums

Von

Dr. A. Holasek   und   **Dr. H. Flaschka**
Dozent, Medizinisch-chemisches Institut
und Pregl-Laboratorium
der Universität Graz

Professor, z. Z. Georgia Institute
of Technology, Department of Chemistry
Atlanta, USA

Mit 11 Textabbildungen

Wien

Springer-Verlag

1961

ISBN 978-3-211-80581-7   ISBN 978-3-7091-3416-0 (eBook)
DOI 10.1007/978-3-7091-3416-0

Geleitwort

Im deutschen Schrifttum gibt es eine ziemlich große Anzahl von Anleitungen zur Ausführung von klinisch-chemischen Analysen. Daher ist die Frage wohl berechtigt, ob für eine Neuerscheinung auf diesem Gebiet ein Bedarf besteht. Das vorliegende Büchlein verdankt seine Entstehung einerseits den Erfahrungen, die beim Unterricht aus Chemie für medizinisch-technische Assistentinnen gewonnen wurden, andererseits dem Umstand, daß von den beiden Autoren in den letzten 10 Jahren an meinem Institut eine Reihe von komplexometrischen Methoden zur Bestimmung von Blut- und Harnbestandteilen entwickelt wurde. Da sich diese Verfahren in vielen klinischen Laboratorien schon bewährt haben, schien es den Herausgebern angezeigt, alle komplexometrischen Methoden, die für die klinische Chemie in Betracht kommen, in einer Schrift zusammenzufassen, dabei die großen Vorteile dieser Arbeitstechnik aufzuzeigen und dadurch beizutragen, daß die Komplexometrie in der klinischen Chemie die ihr gebührende Beachtung und Anwendung findet.

Durch Berücksichtigung auch anderer allgemein bekannter, gut ausgewählter und bewährter maßanalytischer Verfahren ist damit ein Laboratoriumsbuch entstanden, das gegenüber ähnlichen Werken mancherlei Vorzüge aufweist.

Entsprechend der Absicht der Autoren, die komplexometrischen Methoden in den Vordergrund zu rücken, werden im allgemeinen Teil die theoretischen Grundlagen dazu so weit erklärt, als es zum Verständnis der Arbeitsvorschriften erforderlich ist. Aber auch die allgemeinen Ausführungen über andere maßanalytische Verfahren, insbesondere über die Neutralisationsanalyse, die allgemeinen Bemerkungen zur Herstellung der Maßlösungen und deren Aufbewahrung verdienen besondere Beachtung. Die Begriffe Molarität, Normalität, Konzentration, Faktor, werden genau erklärt und exakt definiert, die Bedeutung der Beschaffenheit der Glasgeräte für die Genauigkeit der Bestimmung wird ausführlich besprochen und auf die Fehlerquellen aufmerksam gemacht, die gerade in dieser Hinsicht auch entstehen können. Es ist ein besonderer Vorzug dieser Anleitung, daß der Analytiker darin eine ganze Reihe von Hinweisen findet, die vielleicht als selbstverständlich erscheinen, deren Beachtung bei der Ausführung von maßanalytischen Verfahren jedoch unerläßlich ist, um brauchbare Analysenergebnisse zu erzielen. Zudem waren die Verfasser bestrebt, nur Methoden zu berücksichtigen, die ohne kostspielige Geräte mit einfachen Mitteln und einem Minimum an Reagenzien durchgeführt werden können. Es ist daher zu erwarten, daß das Werk weiteste Verbreitung findet.

Graz, im März 1961.

Prof. Dr. Hans Lieb

Vorstand des Medizinisch-chemischen Institutes
und Pregl-Laboratoriums der Universität Graz

Vorwort

Die Komplexometrie hat sich im letzten Jahrzehnt auch im klinisch-chemischen Laboratorium infolge ihrer Einfachheit in der Durchführung bei gleichzeitig großer Genauigkeit sowie der Stabilität der verwendeten Maßlösung erstaunlich rasch durchgesetzt, ja, sie wurde sogar für einige Bestimmungen zur Methode der Wahl, insbesondere in jenen Laboratorien, in denen die Anschaffung kostspieliger Apparate nicht rentabel ist. Dies war der Grund, daß daran gedacht wurde, eine Zusammenfassung der komplexometrischen Methoden für das klinische Laboratorium herauszubringen.

Nun gibt es eine Reihe von Stoffen, die man weder komplexometrisch noch mit ausreichender Genauigkeit photometrisch bestimmen kann. Wir haben daher zu den komplexometrischen die meisten anderen maßanalytischen Methoden aufgenommen, um dadurch ein Laboratorium, das ein Photometer besitzt, in die Lage zu versetzen, mit Hilfe dieser Anleitung neben den photometrisch erfaßbaren Stoffen auch andere wichtige Serum- und Harnbestandteile bestimmen zu können.

Bei der Auswahl der Methoden haben wir uns von folgenden Gedanken leiten lassen: Erstens sollten die komplexometrischen Methoden nicht nur aus den oben angegebenen Gründen bevorzugt werden, sondern auch deswegen, weil noch keine Zusammenfassung dieser Methoden für das klinisch-chemische Laboratorium in deutscher Sprache erschienen ist. Zweitens galt der Grundsatz, mit möglichst wenig Reagenzien und vor allem mit möglichst wenigen und stabilen Maßlösungen das Auslangen zu finden. Aus der Vielzahl der nichtkomplexometrischen Methoden wählten wir zunächst jene, die weit verbreitet sind und nach unserer Erfahrung im Routinebetrieb genaue bzw. gut reproduzierbare Werte liefern. In den seltenen Fällen, bei denen für die Bestimmung einer Substanz zwei Bestimmungen angegeben wurden, findet man die Begründung dafür in der jeweiligen Einleitung, es sei denn, es handelt sich um eine komplexometrische Methode.

Es ist nicht möglich, in diesem Rahmen die Grundlagen der analytischen Chemie oder auch nur der Maßanalyse zu bringen. Der allgemeine Teil enthält daher zum leichteren Verständnis der ablaufenden Reaktionen nur kurze Erläuterungen über die einzelnen Arten der Titrationen sowie ausführliche praktische Hinweise. Nur die Komplexometrie ist eingehender behandelt, da diese Methode auch in relativ neuen Lehrbüchern kaum beschrieben ist. Die Bereitung und Aufbewahrung sowie die Eigenschaften der Maßlösungen wurden im Gegensatz zu den anderen Reagenzien in einem eigenen Kapitel des allgemeinen Teiles behandelt, um so ihre besondere Bedeutung hervorzuheben. Darin werden manchmal belanglos erscheinende Hinweise gegeben, die jedoch zur Erzielung von guten Resultaten entscheidend sein können.

Auch dann, wenn man eine Methode nach der Originalpublikation durchführt, bekommt man oft Fehlresultate, die durch Kleinigkeiten bedingt sind, die demjenigen, der die Methode entwickelt hat, so selbstverständlich erscheinen, daß er sie nicht erwähnt. Wir haben uns bemüht, Fehlerquellen und Schwierigkeiten sowie deren Beseitigung unter den Bemerkungen zu den einzelnen Arbeitsvorschriften zu behandeln. Dadurch wurde es auch möglich, die Arbeitsvorschriften in einer übersichtlichen und knappen Form zu bringen.

So wie es nicht in unserer Absicht lag, eine vollständige Übersicht der einschlägigen maßanalytischen Methoden zu bringen, so werden auch nicht annähernd alle wichtigen Literaturstellen über die einzelnen Methoden und ihre Modifikationen angeführt. Neben den ersten Originalarbeiten wurden vor allem deutschsprachige Werke mit Literaturübersichten zitiert. Nur die Literatur über die komplexometrischen Methoden wurde ausführlicher behandelt, wobei es jedoch nicht möglich war, alle Arbeiten, insbesondere die zahlreichen über die Bestimmung von Calcium und Magnesium, anzuführen.

Wir möchten ausdrücklich betonen, daß eine nicht aufgenommene Methode auf keinen Fall als stillschweigend abgelehnt betrachtet werden darf. Die Aufzählung aller, oft vielleicht vorteilhafterer Methoden würde den Leser vor die Qual der Wahl stellen und ihn eventuell zur Bereitung zusätzlicher Lösungen veranlassen — und gerade dies würde der Absicht der Verfasser widersprechen. Alle Vorschläge zur Verbesserung, die mit dem Grundgedanken des Buches im Einklang stehen, werden wir dankbar annehmen.

Graz und Atlanta, im März 1961.

A. Holasek und **H. Flaschka**

Inhaltsverzeichnis

Allgemeiner Teil

Allgemeiner Teil

Grundlagen der Komplexometrie

*Ä*thylen*d*iamin*t*etra*e*ssigsäure, vielfach als ÄDTE (EDTA) abgekürzt, hat folgende Formel:

$$\begin{array}{ccc} \text{HOOC} \cdot \text{CH}_2 \diagdown & & \diagup \text{CH}_2 \cdot \text{COOH} \\ & \text{N} \cdot \text{CH}_2 - \text{CH}_2 \cdot \text{N} & \\ \text{HOOC} \cdot \text{CH}_2 \diagup & & \diagdown \text{CH}_2 \cdot \text{COOH} \end{array}$$

Die Säure, ein weißes Pulver, ist in Wasser nur wenig löslich (0,02 g in 100 ml) und wird daher praktisch selten verwendet. Das meistgebrauchte, handelsübliche Salz ist das Dinatriumsalzdihydrat der Formel $Na_2H_2Y \cdot 2\,H_2O$, worin der allgemeinen Gepflogenheit gemäß Y das Anion der Säure symbolisieren soll. SCHWARZENBACH, der Begründer der theoretischen und praktischen Komplexometrie, hat für die ÄDTE und ähnliche Substanzen (Aminopolycarboxysäuren) den Namen Komplexone vorgeschlagen, woher auch die Bezeichnung für diesen speziellen Zweig der Maßanalyse stammt. Außer Komplexometrie verwendet man auch noch die Bezeichnungen Chelatometrie oder Chelometrie.

Die freie Säure trägt die Bezeichnung Komplexon II und das oben erwähnte Dinatriumsalz ist als Komplexon III im Handel. Der Name Komplexon ist der Firma Ueticon, Schweiz, gesetzlich geschützt. Andere Handelsnamen sind: Titriplex (Merck, Darmstadt) oder Idranal (Riedel de Haen, Seelze). In England ist der Name Sequestrene oder Sequestrol gebräuchlich, während man in Amerika vielfach die Bezeichnung Versene findet. Die Bezeichnung Trilon geht auf die Badische Anilin- und Sodafabrik, Ludwigshafen, zurück, die ÄDTE erstmalig in technischem Maßstabe synthetisierte. Der Name Trilon hat Eingang in die russische Literatur gefunden.

Von den 4 dissoziierbaren Wasserstoffen sind zwei ziemlich stark sauer, der dritte ist mittelstark und der letzte ausgesprochen schwach sauer. Daher liegt im p_H-Bereich um 7 vorwiegend das Anion H_2Y^{2-} vor. Dies ist, wie später noch gezeigt wird, von großer Bedeutung für das praktische Arbeiten.

Besonderheiten in der Struktur der ÄDTE befähigen sie zur Bildung von wasserlöslichen, stabilen Komplexen mit fast allen

mehrwertigen Metallionen. Das Metall ist hierbei nicht nur salzartig, sondern auch durch koordinative Bindung so fest an die
ÄDTE gebunden, daß es praktisch als Metallion nicht mehr
existiert, also auch keine der ihm eigentümlichen Reaktionen gibt.
So unterbleibt z. B. in Gegenwart von ÄDTE in alkalischem
Medium die Fällung von Calcium mittels Oxalat oder die von
Magnesium mit Phosphat. Die besondere Art von Komplexen,
die gebildet werden, nennt man Chelatkomplexe oder einfach
Chelate (daher auch die Namen *Chelatometrie* oder Chelometrie).
Die Besonderheit dieser Komplexe liegt darin, daß das komplexierende Reagens (der Ligand) mit mehreren funktionellen Gruppen das Metallion (Zentralion) angreift wie ein Krebs mit seinen
Scheren. Das griechische Wort für Krebsschere ist „Chele“. Die
grobe Formulierung des Calcium-ÄDTA (ÄDTA = *Ä*thylen*d*iamin-
*t*etra*a*cetat) gibt folgendes Bild:

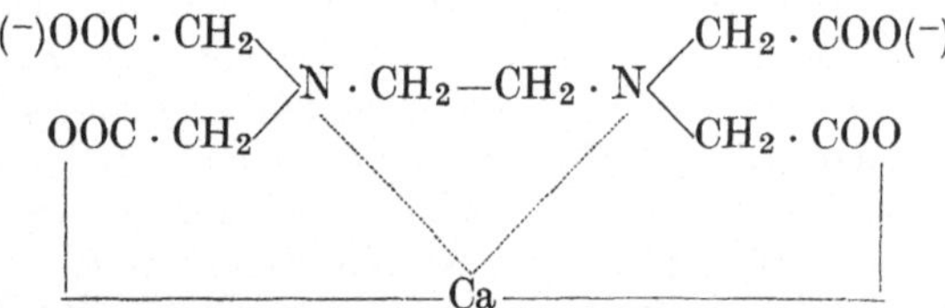

Hierin sind volle Linien für Ionenbindung (salzartige Bindung)
und punktierte Linien für koordinative Bindung gewählt.

Das Prinzip einer komplexometrischen Titration besteht darin,
daß mit steigender Zugabe der Maßlösung (ÄDTA) immer mehr
„freie“ Metallionen gebunden werden, bis schließlich im Endpunkt
das gesamte Metall komplex gebunden ist. Zur Anzeige dieses Endpunktes existieren viele Methoden: visuelle, photometrische, potentiometrische usw. Im klinischen Laboratorium wird der Endpunkt
fast ausschließlich mit Farbindikatoren angezeigt.

Diese *Indikatoren* sind Substanzen, die mit Metallionen Verbindungen bilden (in fast allen Fällen ebenfalls Chelatkomplexe),
deren intensive Farbe verschieden ist von der des freien Indikators.
Nicht jedes Reagens, das mit Metallionen intensiv gefärbte Lösungen gibt, ist als Indikator geeignet. Neben anderen Bedingungen,
die erfüllt sein müssen, ist die wichtigste die, daß der Metall-
Indikatorkomplex schwächer sein muß als der Metall-ÄDTA-
Komplex.

In groben Zügen spielt sich demnach eine Titration wie folgt
ab: Die Lösung des zu titrierenden Metallions wird auf den nötigen
pH-Wert gebracht, mit Indikator versetzt und sodann die ÄDTA-
Maßlösung zufließen gelassen. Erst bindet das ÄDTA die „freien“

Metallionen; wenn diese verbraucht sind, wird das Metall auch dem Indikator entzogen; die Farbe des metallfreien Indikators erscheint und zeigt den Endpunkt der Titration an. Allerdings ist in der Praxis durch verschiedene Umstände die tatsächliche Lage etwas komplizierter.

Wie schon oben erwähnt, liegt in der Lösung meist das Anion H_2Y^{2-} vor, demnach können wir die Bildung eines Metall-ÄDTA-Komplexes wie folgt formulieren:

$$Me^{2+} + H_2Y^{2-} \rightleftarrows MeY^{2-} + 2H^+$$

Wie man sieht, werden für jedes Metallion, das gebunden wird, zwei Wasserstoffionen in Freiheit gesetzt. Dies ist in zweifacher Hinsicht sehr wichtig. Erstens kann man erkennen, daß im Zuge einer Titration die Wasserstoffionenkonzentration ansteigen muß. Da üblicherweise eine Titration nur unter bestimmten p_H-Bedingungen durchgeführt werden kann, ist also für ausreichende Pufferung zu sorgen, um ein Absinken des p_H-Wertes zu verhindern oder es in tragbaren Grenzen zu halten.

Andererseits zeigt die obige Gleichung, wie man komplexometrische Titrationen selektiv gestalten kann. Unter *Selektivität* versteht man die Eigenschaft eines Reagens, nur mit wenigen Ionen eines komplizierten Ionengemisches zu reagieren. Da, wie schon oben bemerkt wurde, ÄDTA mit fast allen mehrwertigen Metallionen Komplexe bildet, ist die Selektivität sehr gering. Wenn z. B. in einer Lösung Calcium und Magnesium anwesend sind, so tritt mit beiden Metallen Komplexbildung ein, und wir werden — ohne Anwendung besonderer Maßnahmen — nur die Summe beider Metalle titrieren können. Da jedoch nicht alle Metallionen gleich stark gebunden werden, kann man im Zusammenhang mit obiger Gleichung folgende Überlegung anstellen:

Zugabe von Wasserstoffionen zur Lösung wird das Gleichgewicht der Reaktion nach links verschieben, d. h. der Komplex wird um so mehr dissoziieren, je stärker sauer die Lösung ist. Bei einer genügend hohen Wasserstoffionenkonzentration wird nun ein schwacher Komplex weitestgehend oder sogar praktisch vollkommen dissoziiert sein, während ein stärkerer Komplex so wenig gelockert wird, daß eine Titration noch möglich ist. Das bedeutet für die Praxis, daß bei genügender Differenz in der Komplexstärke ein p_H-Wert gefunden werden kann, bei dem man ein stark bindendes Metallion selektiv titrieren kann, ohne daß durch die Anwesenheit schwächer bindender Metallionen Störungen auftreten. So kann man z. B. bei einem p_H-Wert von 2—3 das Eisen, welches einen sehr stabilen ÄDTA-Komplex bildet, in

Gegenwart von Cu, Ni, Ca, Mn, Mg u. a., die wesentlich schwächere Komplexe bilden, störungsfrei titrieren.

Aus diesen Überlegungen geht also folgendes hervor: je schwächer der Komplex zwischen Metall und ÄDTA ist, desto höher muß der p_H-Wert sein, bei dem die Titration durchgeführt wird. So müssen Calcium und Magnesium, die relativ schwache ÄDTA-Komplexe bilden, bei einem p_H-Wert von 10 und darüber titriert werden, während andererseits Zink, das einen ungleich stärkeren Komplex bildet (etwa 10,000.000mal stärker als Ca), leicht noch bei einem p_H-Wert von etwa 4—5 erfaßt werden kann.

Die Einhaltung eines bestimmten p_H-Wertes oder p_H-Bereiches ist jedoch auch sehr oft für den verwendeten Indikator von Bedeutung. Einige der hier beschriebenen Titrationen sind unter Verwendung des Metallindikators Eriochromschwarz T (im weiteren als Erio T abgekürzt) durchzuführen. Erio T ist nicht nur ein komplexometrischer Indikator, sondern auch ein Säure-Basen-Indikator, d. h. Farbwechsel tritt nicht nur bei Zugabe oder Wegnahme von Metallionen, sondern auch bei Änderung der Wasserstoffionenkonzentration auf. Eine wässerige Lösung von Erio T wird auf Zusatz von Säure tiefrot. Beginnt man die Säure mit Base zu neutralisieren, so erfolgt bei etwa p_H 6 ein Farbwechsel nach Kornblumenblau. Auf weiteren Laugenzusatz schlägt die Farbe bei etwa p_H 12 erneut nach Rot um. Für eine Titration unter Verwendung von Erio T ist also nur der p_H-Bereich 7—11 brauchbar, da nur die blaue Form des Indikators (freier Indikator) mit Metallionen unter Farbwechsel nach Weinrot reagiert („metallisierter" Indikator).

Das bisher Gesagte möge genügen, um die theoretische Grundlage soweit zu erklären, als für ein ausreichendes Verständnis der Arbeitsvorschriften nötig ist. Es soll aber auch mit aller Deutlichkeit zeigen, wie wichtig die Einhaltung der geforderten p_H-Bedingungen für ein gutes Gelingen der Bestimmung ist.

Wie oben gesagt, wird im Endpunkt das Metall vom Indikatorkomplex in den ÄDTA-Komplex übergeführt und der Indikator in Freiheit gesetzt. Es ist leicht einzusehen, daß dieser Mechanismus nur unter der grundlegenden Bedingung funktionieren kann, daß der Metall-Indikatorkomplex erheblich schwächer ist als der entsprechende ÄDTA-Komplex. Wäre der Indikatorkomplex stärker als der ÄDTA-Komplex, so könnte kein Farbwechsel erfolgen. Kupfer, Nickel, Cobalt, Aluminium und andere Metallionen bilden mit Erio T Komplexe, die zum Teil beträchtlich stabiler sind als die entsprechenden ÄDTA-Komplexe. Eine Titration dieser Metalle mit ÄDTA unter Verwendung von Erio T als Indikator ist also nicht möglich. Für die Bestimmung dieser Metalle besitzen wir andere ausgezeichnete Indikatoren, was jedoch für das klinische Laboratorium belanglos ist, da die genannten Metalle im biologischen Material in so geringer Menge vorkommen, daß sie maßanalytisch nicht erfaßt werden können.

Es ist aber sehr wichtig, zu bedenken, daß z. B. Kupfer, wenn auch nur in Spuren anwesend, eine Titration von Calcium bzw. Magnesium stören oder sogar unmöglich machen kann. Das Kupfer reagiert mit dem Erio T (Rotfärbung), und selbst bei beträchtlichem Überschuß an ÄDTA wird kein Farbumschlag nach Blau eintreten. Der Indikator ist blockiert. Dieses Blockieren des Indikators kann je nach der Menge an störendem Metall nur einen Teil des Indikators betreffen oder auch den gesamten. Im ersten Falle wird man einen unscharfen, schwer feststellbaren, im zweiten überhaupt keinen Endpunkt erhalten.

Kupferspuren sind sehr häufig im sogenannten „destillierten" Wasser zu finden; sie können in der Probe vorhanden sein oder als Verunreinigung durch Reagenzien eingeschleppt werden. Hat man Kupfer in der Probe, so kann man die Störung am einfachsten dadurch beheben, daß man einige Kriställchen Kaliumcyanid zusetzt. Kupfer bildet mit Cyanidionen einen äußerst stabilen Cyanokomplex und kann mit Erio T und mit ÄDTA nicht mehr reagieren. Es ist, wie man sagt, „maskiert".

Maskieren ist neben oder im Verein mit der p_H-Einstellung das wichtigste Mittel, um ÄDTA-Titrationen selektiv zu gestalten. Dabei verwendet man die Maskierung nicht nur, um Spuren störender Metalle auszuschalten, sondern auch, um größere Mengen an Fremdmetallen unschädlich zu machen. So ist z. B. eine Titration von Zink in Gegenwart von Uranylionen gegen den Indikator Erio T unmöglich, weil das Uranylion den Indikator blockiert. Zugabe von Carbonat maskiert das Uranylion und ermöglicht die Zinktitration, wie etwa bei der Natriumbestimmung. Für die praktische Durchführung verwendet man jedoch nicht Erio T, sondern einen anderen Indikator mit schärferem Umschlag.

Maskierung ist also das Ausschalten der Reaktion zwischen einer Substanz A und einer Substanz B durch Zugabe von C ohne physikalische Trennung. C ist das Maskierungsmittel, welches A gegen B maskiert. Gemäß dieser Definition kann eine Maskierung auch durch eine Fällungsreaktion erfolgen. Zum Beispiel wird bei einem p_H-Wert über 12 Magnesium als Hydroxyd gefällt, während Calcium in Lösung bleibt. Calcium kann dann neben dem Magnesiumniederschlag titriert werden, wovon in der klinischen Analyse Gebrauch gemacht wird. Es ist jedoch wesentlich, zu beachten, daß der Magnesiumniederschlag nicht abfiltriert wird. Würde man filtrieren, so wäre es keine Maskierung, sondern bereits eine Trennung.

Bisher wurde hier nur ein Titrationstyp behandelt, nämlich die sogenannte *direkte Titration*. Die Lösung des zu titrierenden Metalls wird mit Indikator versetzt, auf geeignete Bedingungen gebracht und sodann die Maßlösung zufließen gelassen, bis der Endpunkt erreicht ist. Es kann aber vorkommen, daß das Einstellen geeigneter Titrationsbedingungen zu Schwierigkeiten führt. Soll z. B. Calcium gegen den Indikator Murexid titriert werden, so muß das bei einem p_H-Wert von etwa 12 geschehen. Enthält die Probelösung Carbonationen, so wird unter diesen Bedingungen das Calcium unbedingt als Carbonat ausfallen. Das Calciumcarbonat reagiert zwar sowohl mit dem Indikator als auch mit ÄDTA, aber nur so langsam, daß eine Titration praktisch unmöglich ist. Natürlich ließe sich das Carbonat vor der Titration entfernen; es gibt jedoch einen einfacheren Weg, nämlich die *Rücktitration*.

Versetzt man die schwach saure oder neutrale Probelösung vor dem Zusatz der Natronlauge mit einem gemessenen Überschuß an ÄDTA-Maßlösung, so kann man nun alkalisch machen, ohne daß Calciumcarbonat ausfällt. Calcium ist an ÄDTA gebunden und sozusagen gegen die Reaktion mit Carbonat maskiert. Der Überschuß an ÄDTA kann nunmehr mit einer Calciummaßlösung „zurücktitriert" werden.

Die Methode der Rücktitration bietet beim praktischen Arbeiten oft große Vorteile. Man kann nämlich nach erfolgter Rücktitration erneut etwas ÄDTA zugeben, wieder mit Calcium zurücktitrieren und dieses noch mehrmals wiederholen. Die Ablesungen an der ÄDTA- und Calcium-Bürette werden gemittelt und so der „Tropfenfehler" der Titration verringert. Dieses Vorgehen wird als *„Pendeltitration"* bezeichnet.

Auch die Störung des Endpunktes von Erio T durch Kupferspuren kann durch Rücktitration meist vermieden werden. Das Kupfer ist an ÄDTA gebunden und reagiert nur sehr langsam mit dem Indikator, so daß die Titration beendet ist, bevor Blockieren erfolgt. Bei der Rücktitration ist zu beachten, daß der durch Zugabe der Metallsalzlösung erzielte Farbumschlag nicht den „wahren" Endpunkt anzeigt. Dieser Farbumschlag wird ja durch eine kleine Menge an überschüssigem Metall bewirkt. Der korrekte Endpunkt ist aber erreicht, wenn der Indikator in freier Form vorliegt. Man muß also zum Schluß mit ÄDTA auf die Farbe des freien Indikators titrieren.

Streng theoretisch müßte der Endpunkt so gewählt werden, daß die Färbung der Lösung durch den Indikator genau jener

Menge an freien Metallionen entspricht, wie sie durch die Dissoziation des Metall-ÄDTA-Komplexes (Gleichgewicht) erzeugt wird. Das jedoch würde bedeuten, daß man in fast allen Fällen komplexometrischer Titrationen nicht auf eine einfache Grenzfarbe, sondern auf eine Mischfarbe zu titrieren hätte. Im Falle von Erio T z. B. müßte man auf einen bestimmten Purpurton titrieren, was sehr schwierig ist. Berechnungen haben jedoch in voller Übereinstimmung mit der Praxis gezeigt, daß der „Indikatorfehler", der durch das Titrieren auf eine Grenzfarbe erzeugt wird, vernachlässigt werden kann, und auf alle Fälle geringer ist als der Fehler, der durch die Titration auf eine Mischfarbe eingeschleppt wird.

Dies gilt hinreichend genau nur für relativ konzentrierte Lösungen oder bei Verbrauch größerer Mengen an Maßlösung, wo ein Tropfen keinen spürbaren Fehler bewirkt. Bei Arbeiten mit kleinen Mengen und verdünnten Lösungen ist jedoch die Einführung eines Blindwertes nötig, durch welchen der Indikatorfehler behoben werden kann. Abgesehen davon, wird die Metallsalzlösung gegen die ÄDTA-Lösung (oder umgekehrt) eingestellt, und es wird sowohl bei der Titerstellung als auch bei der eigentlichen Titration auf den gleichen Farbton titriert. Auch auf diese Art schaltet man einen allfälligen Indikatorfehler aus.

Komplexometrisch lassen sich auf i n d i r e k t e m Wege auch Substanzen bestimmen, die mit ÄDTA überhaupt nicht reagieren. Bedingung ist, daß diese Stoffe eine wohldefinierte Verbindung mit solchen Metallen geben, die mit ÄDTA reagieren. So kann man im Magnesiumammoniumphosphat das Magnesium mit ÄDTA titrieren und daraus das Phosphat berechnen, da ja in der Verbindung das Verhältnis $Mg : PO_4 = 1 : 1$ ist. Auf demselben Prinzip beruht die Bestimmung von Natrium durch Titration des Zinks im Natriumzinkuranylacetat.

Die Berechnung komplexometrischer Titrationen gestaltet sich sehr einfach. Ohne Rücksicht auf seine Ladung reagiert stets ein Metallion mit einem Molekül ÄDTA. Daher ist das Äquivalentgewicht des Metalls gleich seinem Atomgewicht. Dies ist auch der Grund, warum entgegen den Gepflogenheiten in anderen Zweigen der Maßanalyse der Titer von ÄDTA-Maßlösungen nicht in Normalitäten, sondern in Molaritäten angegeben wird.

Literatur

SCHWARZENBACH, G., „Die komplexometrische Titration", F. Encke Verlag, Stuttgart 1956.

FLASCHKA, H., A. J. BARNARD und W. C. BROAD, Chemist-Analyst 47, 109 (1954).

Neutralisationsanalysen

Die Acidimetrie und Alkalimetrie faßt man unter dem Namen Neutralisationsanalyse zusammen. Damit soll jedoch nicht gesagt werden, daß jede dieser Titrationen bis zum Neutralpunkt, also bis zu p_H 7, durchgeführt wird. Die Grundgleichung der Neutralisationsanalyse

$$H^+ + OH^- = H_2O$$

ist also so zu verstehen, daß die zu titrierende Säure mit der äquivalenten Menge an Lauge umgesetzt wird, z. B.

$$HAc + Na^+ + OH^- = Na^+ + Ac^- + H_2O$$

Da nun bekanntlich nicht alle aus dieser Umsetzung entstehenden Salze in wässeriger Lösung neutral reagieren, kann auch der Äquivalenzpunkt nicht immer bei p_H 7 liegen.

Die Wahl des zu verwendenden p_H-Indikators richtet sich also danach, wie das Endprodukt der Titration reagiert. Dies soll im nachfolgenden an einigen für die Praxis wichtigen Beispielen näher ausgeführt werden.

Titration einer starken Säure oder einer starken Base

Wenn man mit Hilfe eines p_H-Meters die Änderung des p_H-Wertes während der Titration von 10,00 ml 0,100-n-Salzsäure mit 0,100-n-Natronlauge verfolgt, dann bekommt man das Diagramm der Abb. 1. Man sieht daraus, daß der p_H-Wert vom Beginn der Titration an allmählich ansteigt und erst gegen das Ende einen etwas steileren Verlauf zeigt. Das Ende der Titration ist dadurch charakterisiert, daß sich der p_H-Wert „sprungartig" ändert, indem er von etwa p_H 4 auf etwa p_H 10 ansteigt. Dieser „p_H-Sprung" ergibt sich daraus, daß der letzte Tropfen Natronlauge nicht nur den letzten Rest

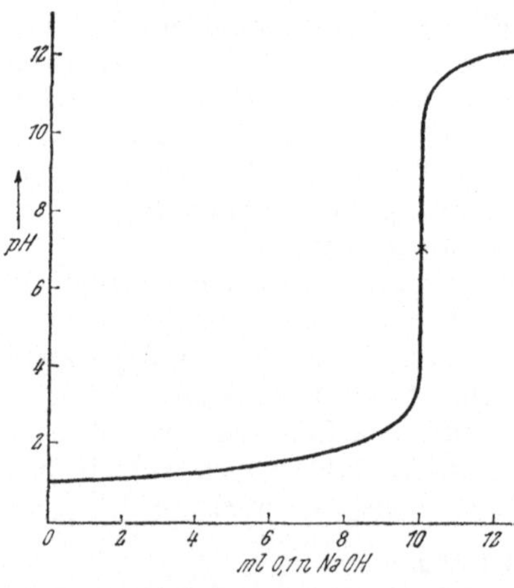

Abb. 1. Titrationskurve der Salzsäure

Salzsäure neutralisiert, sondern auch einen kleinen Überschuß an Natriumhydroxyd in die Lösung bringt, so daß sie alkalisch wird

Daraus ist ersichtlich, daß man bei der Titration einer starken Säure, und das gleiche gilt auch für die Titration einer starken Base, jeden Indikator verwenden kann, dessen Umschlagsbereich vom „p_H-Sprung" durchlaufen wird, d. h. also Indikatoren, die bei irgendeinem p_H-Wert zwischen 4 und 10 umschlagen. Wie weiter unten noch ausgeführt wird, gilt diese Überlegung nicht, wenn mit carbonathaltiger Lauge titriert wird.

Titration einer schwachen Säure oder einer schwachen Base

Die Änderung des p_H-Wertes während der Titration von 10,00 ml 0,100-n-Essigsäure mit 0,100-n-Natronlauge ist durch das Diagramm der Abb. 2 dargestellt. Man sieht, daß gleich zu Beginn der Titration die p_H-Kurve ziemlich steil ansteigt, dann aber in einen fast horizontalen Teil übergeht. Der anfänglich rasche Anstieg des p_H-Wertes kommt daher, daß die Dissoziation der Essigsäure durch ihr bei der Titration entstehendes Salz (Natriumacetat) stark zurückgedrängt wird. Der ziemlich flache Teil der Kurve entspricht dem Bereich des Acetatpuffers. Gegen das Ende der Titration wird die Kurve steiler und geht dann, wenn die nahezu äquivalente Menge an Lauge zugesetzt ist, in den „p_H-Sprung" über. Wie man jedoch aus der Kurve ersieht, „springt" der p_H-Wert nur von etwa 8 auf 10. Demnach können für die Titration von Essigsäure nur jene Indikatoren verwendet werden, deren Umschlag zwischen p_H 8 und 10 erfolgt.

Die beiden bisher gebrachten Diagramme zeigen, daß man für die richtige Wahl des Indikators nicht den gesamten Kurvenverlauf, sondern nur den p_H-Wert im Äquivalenzpunkt kennen muß. Das bei der Titration von Essigsäure gebildete Natriumacetat reagiert als Salz einer schwachen Säure (Essigsäure) und einer starken

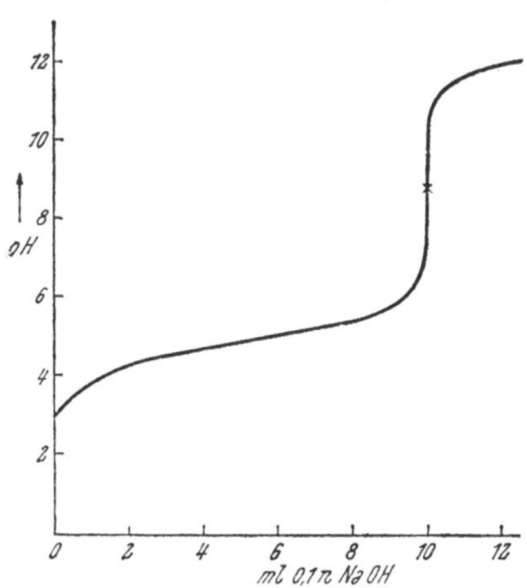

Abb. 2. Titrationskurve der Essigsäure

Base (Natronlauge) schwach basisch (Salzhydrolyse). Die Titration ist demnach erst dann beendet, wenn die Reaktion schwach basisch ist.

Man braucht also für diese Titration einen Indikator, der die schwach basische Reaktion anzeigt (Phenolphthalein).

In der gleichen Weise trifft man die Wahl des Indikators für die Titration einer schwachen Base, wie z. B. des Ammoniaks. Bei dieser Titration entsteht aus Ammoniak und Salzsäure Ammoniumchlorid, dessen wässerige Lösung schwach sauer reagiert (als Salz einer schwachen Base und starken Säure). Die Titration des Ammoniaks ist also dann beendet, wenn schwach saure Reaktion herrscht, was durch einen Indikator angezeigt wird, der im schwach sauren Bereich umschlägt (Methylrot oder Methylorange).

Titriert man ein Gemisch einer schwachen und einer starken Säure, wie dies bei der Bestimmung der Acidität des Magensaftes der Fall ist, so titriert man zunächst die starke Säure gegen einen Indikator, der im sauren Bereich umschlägt, und dann die schwache Säure gegen eine Indikator, der im schwach basischen Bereich umschlägt. Der auf diese Art gefundene Gehalt an starker Säure zeigt immer einen gewissen Überwert zuungunsten der schwachen Säure, die ja zu einem kleinen Teil gegen den im sauren Bereich umschlagenden Indikator miterfaßt wird.

Carbonatfehler

Jede wässerige Lösung, die mit Luft in Berührung kam, enthält Kohlensäure. Titriert man nun gegen einen Indikator, der im basischen Bereich umschlägt (Phenolphthalein), so wird die Kohlensäure miterfaßt. Titriert man z. B. eine starke Säure, so wird man die Beobachtung machen, daß Phenolphthalein und Methylrot nicht beim gleichen Verbrauch umschlagen. Nachdem Methylrot von Rot auf Gelb umgeschlagen ist, wird man je nach dem Carbonatgehalt der Lösungen noch einen oder mehrere Tropfen Natronlauge zusetzen müssen, bis Phenolphthalein umschlägt. Wir titrieren also gegen Phenolphthalein die in den Lösungen vorhandene schwache Kohlensäure.

Auffällig ist die Erscheinung, daß die durch einen Tropfen Natronlauge hervorgerufene Rosafärbung der gesamten Lösung durch Phenolphthalein allmählich wieder verschwindet. Setzt man noch einen Tropfen Natronlauge zu, so erscheint die Rotfärbung wieder, wird dann schwächer und verschwindet eventuell. Erst der dritte oder vierte Tropfen Natronlauge führt zu einer bleibenden Rotfärbung. Diese Erscheinung beruht darauf, daß das Kohlendioxyd teilweise als Gas gelöst ist und teilweise mit dem Wasser die Kohlensäure gibt. Die Einstellung des Gleichgewichtes

$$CO_2 + H_2O \rightleftarrows H_2CO_3$$

benötigt Zeit. Wenn durch den ersten Tropfen Natronlauge die Kohlensäure neutralisiert wurde, dann bildet sie sich allmählich aus dem gelösten Kohlendioxyd nach: die entstandene Kohlensäure führt zur Abnahme des p_H-Wertes und Phenolphthalein wird entfärbt.

Da das Natriumhydroxyd sowohl in fester Form als auch in Lösung Kohlendioxyd aus der Luft aufnimmt, wird die daraus bereitete Lösung immer Natriumcarbonat enthalten, wenn man nicht besondere Vorsichtsmaßnahmen bei der Bereitung und Aufbewahrung der Lösungen ergreift.

Titriert man z. B. Salzsäure mit einer solchen carbonathaltigen Natronlauge, so bekommt man, solange die Lösung noch sauer ist, neben Natriumchlorid auch Kohlensäure:

$$3\,HCl + NaOH + Na_2CO_3 = H_2O + 3\,NaCl + H_2CO_3$$

Während also ein Indikator, dessen Umschlag unter dem der freien Kohlensäure entsprechenden p_H-Wert von etwa 5 liegt, seine Farbe geändert hat, ist Phenolphthalein noch immer farblos. Man muß nun zur Neutralisation der entstandenen Kohlensäure weitere Natronlauge zusetzen, bis auch Phenolphthalein umschlägt.

Titriert man umgekehrt eine carbonathaltige Natronlauge mit Salzsäure, so wandelt sich zunächst das Carbonat in Hydrogencarbonat um:

$$NaOH + Na_2CO_3 + 2\,HCl = 2\,NaCl + NaHCO_3 + H_2O$$

Während der Indikator Phenolphthalein in diesem Stadium der Titration umschlägt, werden z. B. Methylrot oder Methylorange erst auf weiteren Zusatz von Säure umschlagen, nämlich dann, wenn das Bicarbonat in Kohlensäure umgewandelt wurde.

Ist die verwendete 0,1-n-Natronlauge carbonathaltig und wird sie für Titrationen gegen zwei, bei verschiedenen p_H-Werten umschlagende Indikatoren verwendet, so muß man den Titer (Faktor) der Lauge gegen jeden der verwendeten Indikatoren bestimmen. Da die Aufbewahrung einer carbonatfreien Lauge sehr umständlich ist, wird hier zwar die Bereitung einer carbonat*armen*, nicht jedoch einer carbonat*freien* Lauge empfohlen.

Titration von Ammoniak in Borsäure

Bei der Bestimmung des Aminostickstoffs (Eiweiß-Stickstoff, Rest-Stickstoff, Harnstoff-Stickstoff) destilliert man Ammoniak in eine Vorlage mit Borsäure. Die Lösung enthält also Ammoniak neben einem Überschuß an freier Borsäure. Titriert man nun diese Lösung mit Salzsäure, so hat man am Ende der Titration ein Gemisch von Borsäure und Ammoniumchlorid. Da die Borsäure eine sehr schwache Säure ist, reagiert das Endprodukt so schwach sauer, daß der Umschlagspunkt des Methylrot noch nicht erreicht ist. Ein Tropfen überschüssiger 0,01-n-Salzsäure ruft diesen Umschlag hervor.

Redoxtitrationen

Unter Oxydation versteht man die Abgabe, unter Reduktion die Aufnahme von Elektronen. Wenn also ein Ferro-Ion zu einem Ferri-Ion oxydiert wird, so gibt es ein Elektron ab. Dieses wird z. B. vom elementaren Jod übernommen, wobei ein Jodid-Ion entsteht: Jod wird zu Jodid reduziert.

$$Fe^{2+} = Fe^{3+} + e$$
$$J + e = J^-$$

Jede Oxydation ist mit einer Reduktion verbunden. Durch Verbindung beider Gleichungen erhalten wir:

$$Fe^{2+} + J = Fe^{3+} + J^-$$

Von den vielen möglichen Redoxtitrationen soll in diesem Buch nur die *Jodometrie* besprochen werden, da zurzeit nur noch diese im klinischen Laboratorium eine verbreitete Anwendung findet.

Jodometrisch lassen sich Stoffe bestimmen, die in der Lage sind, Jod zu Jodid zu reduzieren oder Jodid zu Jod zu oxydieren. Eine oxydierend wirkende Substanz läßt man mit einer Lösung von Kaliumjodid reagieren und titriert das entstandene Jod. Ein Reduktionsmittel bestimmt man, indem man eine bekannte Menge an elementarem Jod zusetzt und nach erfolgter Reduktion die verbliebene Jodmenge zurücktitriert. Man titriert also in der Jodometrie, soweit es die hier vorgesehenen Methoden betrifft, immer das freie Jod. Als Titrationsmittel dient eine Maßlösung von Thiosulfat. Die Grundgleichung der sich bei der Titration abspielenden Reaktion lautet:

$$2\,S_2O_3{}^{2-} + J_2 = S_4O_6{}^{2-} + 2\,J^-$$

Im alkalischen Medium disproportioniert elementares Jod und liefert nach komplizierten Reaktionen Jodid, Hypojodit und Jodat. Man beachte also immer, daß der p_H-Wert der zu titrierenden Lösung nicht über 7—8 ansteigt.

Titriert man eine konzentrierte Lösung, so wird der Endpunkt durch das Verschwinden der braunen bzw. gelben Farbe der wässerigen Jodlösung angezeigt. Bei der Titration verdünnter Lösungen, aber auch zur Erzielung eines schärferen Umschlages bei der Bestimmung mit 0,1-*n*-Lösung, verwendet man als Indikator eine 1%ige Stärkelösung. Elementares Jod gibt mit Stärke eine intensive Blaufärbung. Es ist klar, daß diese Farbe bei alkalischer Reaktion nicht auftritt, weil ja kein freies Jod vorliegt. Die blaue Farbe verschwindet auch beim Erhitzen der sauren Lösung, erscheint jedoch beim Abkühlen wieder.

Bei längerem Stehen, insbesondere auch durch den Einfluß von Mikroorganismen, unterliegt die Stärke einer hydrolytischen Spaltung. Die entstandenen Spaltprodukte (Dextrine) geben mit Jod eine Rotfärbung oder keine Farbe mehr. Die Stärke wird stabilisiert durch Lösen in einer gesättigten Kochsalzlösung.

Mercurimetrie

Quecksilber(II)-ionen geben mit Chloridionen das nur sehr schwach dissoziierte Quecksilber(II)-chlorid entsprechend der Gleichung

$$Hg^{2+} + 2Cl^- \rightleftarrows HgCl_2$$

Diese Reaktion wird heute im klinischen Labor allgemein für die Bestimmung der Chloridionen verwendet. Man titriert mit einer Quecksilber(II)-nitrat-Maßlösung und verwendet zur Erkennung des Endpunktes eine Substanz, die sichtbar mit freien Quecksilber(II)-ionen reagiert. Bei der Titration mit 0,1-*n*-Maßlösung kann Nitrosopentacyanoferrat (Nitroprussid), welches mit Quecksilber einen Niederschlag gibt, verwendet werden. Bei der Titration mit verdünnteren Lösungen, so z. B. mit der 0,02 *n*, wird der Endpunkt mit Hilfe von Diphenylcarbazon festgestellt, welches mit Quecksilber(II)-ionen eine blaue Farbe gibt.

Alle Substanzen, die mit Quecksilber reagieren, müssen ausgeschaltet werden. Hierzu gehört in erster Linie das Eiweiß, das daher vor der Titration entfernt werden muß. Um die Zahl der im Laboratorium verwendeten Reagenzien möglichst klein zu halten, wird hier zur Enteiweißung Trichloressigsäure vorgeschlagen. Diese Art der Enteiweißung hat außerdem den Vorteil, daß der für die Titration notwendige Säuregehalt auf einfache Art eingestellt wird. Käufliche Trichloressigsäure p. a. gibt einen nur sehr kleinen Blindwert.

Allgemeines über Maßlösungen

Die Arbeitsvorschriften zur Bereitung einzelner Maßlösungen werden im Anschluß an diesen Abschnitt gegeben. Hier seien nur einige allgemeine Bemerkungen über Herstellung, Aufbewahrung usw. gebracht. Dies erscheint deswegen notwendig, weil die Exaktheit einer maßanalytischen Bestimmung in erster Linie davon abhängt, wie genau eine Maßlösung bereitet und ihr Titer gestellt wurde und wie sorgfältig man sie aufbewahrt.

Die Maßlösung enthält pro Volumseinheit eine genau bekannte Menge jenes Reagens, das mit der zu bestimmenden Substanz in stöchiometrischem Verhältnis reagiert. *Stöchiometrisch* bedeutet, daß der Reaktionsablauf nach einem festen Schema (Formel) vor sich geht, so daß man auf Grund der verbrauchten Menge an Reagens einen exakten Rückschluß auf die Menge der zu bestimmenden Substanz ziehen kann. Die der Reaktion zugrunde liegende Gleichung wird die Maßgleichung genannt.

Gewichtsmenge pro Volumseinheit wird *Konzentration* genannt. Obwohl es für die maßanalytische Bestimmung gleichgültig ist, welches Konzentrationsmaß man wählt, wird man in der Praxis doch immer so verfahren, daß sich für die Berechnung einfache Beziehungen ergeben. Wird mit einer Maßlösung immer nur ein und derselbe Stoff bestimmt, so kann die Konzentration („Titer") so gewählt werden, daß bei der Titration einer festgelegten Probemenge die Zahl der verbrauchten ml Maßlösung der Anzahl mg pro Liter, Prozente usw. entspricht. Dieses Verfahren kann nur bei Maßlösungen angewendet werden, deren Titer konstant ist, d. h. sich bei der Lagerung nicht verändert. Natürlich kann man mit einer solchen Lösung andere Stoffe ebenfalls titrieren, jedoch sind dann oft recht umständliche Umrechnungsfaktoren notwendig.

Vom stöchiometrischen Standpunkt ist es am einfachsten, das Konzentrationsausmaß so zu wählen, daß eine direkte Beziehung zur Maßgleichung besteht. Reagiert z. B. gemäß der Maßgleichung $A + B = C$ ein Mol A mit einem Mol B, so ist es zweckmäßig, die Konzentration als *Molarität* anzugeben. Demnach würde eine 1molare Lösung von A 1 Mol dieses Stoffes in 1 Liter Lösung enthalten. Man kann dann sofort auf Grund der Maßgleichung die einfache Beziehung aufstellen, daß jeder ml der 1-m-Lösung von A 1 Millimol B entspricht. Man findet weiters sehr einfach, daß Millimole $B \times$ Molekulargewicht $B = $ mg B ist. Daraus ergibt sich die allgemeine Formel: ml $\times m \times MG = $ mg ($MG = $ Molekulargewicht, $m = $ Molarität).

1-m-Lösungen sind für die Praxis zu konzentriert und es werden daher Bruchteile davon verwendet, wie z. B. 0,1 m, 0,05 m, 0,001 m usw. Die Verwendung von molaren Lösungen ist dann zweckmäßig, wenn die Reaktionen immer auf der Basis 1 Mol : 1 Mol erfolgen, wie z. B. bei der Titration mit ÄDTA. Bei Neutralisationsanalysen sowie bei Redoxtitrationen wird man jedoch normale Lösungen verwenden. Es ist klar, daß 1 Mol Natronlauge mit 1 Mol Salzsäure eine exakte Neutralisierung gibt. Um jedoch 1 Mol Schwefelsäure zu neutralisieren, sind 2 Mol Natronlauge erforderlich. Hier ist es also vorteilhafter, an Stelle der Molarität die *Normalität* zu nehmen, d. h. jene Menge an Säure oder Base zu wählen, die genau der Menge einer 1-wertigen Säure (oder Base) äquivalent ist. Eine 1-n-Lösung enthält 1 Grammäquivalent der Substanz in 1 Liter Lösung. Während also eine 1-n-Salzsäure 1-molar ist, enthält 1 Liter einer 1-n-Schwefelsäure nur $\frac{1}{2}$ Mol ($= 1$ Grammäquivalent) Schwefelsäure. Der Vorteil der Normalität ist offenkundig: ohne Rücksicht darauf, wievielbasig eine Säure ist, wird bei gegebener Normalität immer die gleiche Menge einer normalen Natronlauge zur Neutralisation verbraucht.

Das *Äquivalentgewicht* wird bei der Neutralisationsanalyse so berechnet, daß man das Molekulargewicht durch die Anzahl der zu neutralisierenden Wasserstoff- bzw. Hydroxylionen dividiert. Bei Redoxtitrationen berechnet man das Äquivalentgewicht, indem man das Molekulargewicht durch die Anzahl der wechselnden Elektronen (Ladungen, Wertigkeiten) dividiert. Die allgemein gültige Formel zur Berechnung der titrierten Menge in mg lautet: ml $\times n \times \ddot{A}G = $ mg ($\ddot{A}G = $ Äquivalentgewicht, $n = $ Normalität).

Für die Beantwortung der Frage, wie verdünnt eine Maßlösung sein soll oder darf, gibt es keine allgemein gültige Regel. Auf Grund der folgenden Überlegungen wird man jedoch stets in der Lage sein, einen Mittelweg zu finden. Zunächst ist es wünschenswert, möglichst viel Maßlösung zu verbrauchen, da dadurch der Tropfenfehler vermindert wird. Wenn z. B. der Endpunkt auf ± 1 Tropfen genau bestimmbar ist, dann wird beim Verbrauch von 1 ml bei einem Tropfenvolumen von 0,03 ml der Fehler 3% betragen. Werden jedoch 10 ml Maßlösung verbraucht, so reduziert sich der Fehler auf 0,3%. Ein hoher Verbrauch könnte durch Verwendung einer größeren Menge an Probe erreicht werden. Dies hat jedoch seine Grenzen, da oft nur beschränkte Mengen an Material zur Verfügung stehen und außerdem große Ausgangsmengen oft große Schwierigkeiten bei der Aufarbeitung verursachen: längeres Filtrieren, große Zentrifugengläser, langdauerndes Waschen großer Niederschlagsmengen usw. Aus diesen Gründen wählt man im allgemeinen einen anderen Weg und verdünnt die Maßlösung. Auch dies hat seine Grenzen. Einerseits ändern zu verdünnte Lösungen durch störende Verunreinigungen, Zersetzungserscheinungen usw. viel stärker ihren Titer. Andererseits muß bedacht werden, daß die Feststellung des Endpunktes bei der Titration mit sehr verdünnten Lösungen erschwert ist und die Unsicherheit sich über mehrere Tropfen, ja 0,1 ml erstrecken kann; so kann das anfängliche Bestreben nach höherer Genauigkeit ad absurdum geführt werden. Nur in seltenen, speziellen Fällen verwendet man höhere Verdünnungen als 0,001 m oder 0,001 n. Der geringere Verbrauch bei Verwendung konzentrierterer Lösungen wird durch Verwendung feiner unterteilter Büretten wettgemacht.

Leider ist es nur in wenigen Fällen möglich, eine Maßlösung exakter Konzentration direkt herzustellen, indem man eine genau gewogene Menge Reagens in einem bestimmten Volumen löst. Entweder ist die einzuwägende Substanz nicht rein und der Gehalt an Verunreinigungen unbekannt, oder aber die unter größerer Mühe hergestellte exakte Lösung ist unbeständig. So enthält z. B. auch analysenreines Natriumhydroxyd immer unkontrollierbare Mengen von Wasser und Carbonat oder nimmt diese beiden beim Abwägen auf. In solchen Fällen bereitet man eine Lösung, die ungefähr die gewünschte Konzentration aufweist, und „stellt anschließend den Titer“.

Zur Titerstellung verwendet man sogenannte *Urtitersubstanzen*. Das sind Stoffe, die leicht in höchster Reinheit hergestellt werden können, sich beim Lagern und Wägen nicht verändern und ein möglichst hohes Äquivalentgewicht haben sollen, damit Wägefehler vernachlässigt werden können. Solche Substanzen sind z. B. Kaliumbijodat und ÄDTA. Durch Einwaage der benötigten Menge und Auflösen in einem bestimmten Volumen bereitet man sich die Urtiterlösung. Es ist selbstverständlich, daß man hierbei mit besonderer Sorgfalt vorgehen und die Lösung zweckmäßig aufbewahren muß, da sie doch die Grundlage aller Analysen ist. Werden besonders hohe Anforderungen in bezug auf Genauigkeit gestellt, so ist es vorteilhaft, mehrere kleinere Einwaagen der Urtitersubstanz getrennt zu machen und zu titrieren und aus den Resultaten dieser Titrationen den Titer der Maßlösung zu mitteln.

In manchen Laboratorien ist es üblich, an Stelle der exakten Normalität oder Molarität einen „*Faktor*“ zu verwenden. Nehmen wir an, es wurde eine Maßlösung bereitet, die annähernd 0,01 n ist. Bei der Titerstellung ergibt sich dann, daß die tatsächliche Normalität 0,00960 beträgt. Man sagt dann, die Lösung hat einen „Faktor“ von 0,96, und das bedeutet, daß die gewünschte Normalität von 0,01 mit dem Faktor 0,96 multipliziert werden muß, um die tatsächliche Normalität zu erhalten. Anders ausgedrückt bedeutet dies, daß man die verbrauchten ml Maßlösung mit 0,96 multiplizieren muß, um jene Anzahl von ml zu erhalten, die man verbraucht hätte, wenn die Lösung genau 0,0100 n gewesen wäre. Für die Berechnung gilt also die Formel:

$$\text{ml} \times F \times n' \times \ddot{A}G = \text{mg}$$

($F =$ Faktor, $n' = $ „Sollnormalität", im obigen Beispiel also 0,0100n.)

Es ist im allgemeinen einfacher und führt weniger leicht zur Verwechslung, wenn man mit Normalität oder Molarität statt mit „Faktor" arbeitet (siehe Formel S. 15).

Der Titer einer Maßlösung muß stets unter Angabe des Datums des Stellens und der Initiale desjenigen, der den Titer gestellt hat, auf der Flasche angegeben werden.

Spezielle Maßlösungen

ÄDTA-Maßlösung, 0,00100 m

Löse 0,3725 g Dinatriumdihydrogenäthylendiamintetraacetatdihydrat auf 1000 ml in reinstem dest. Wasser (S. 35) und bringe die Lösung möglichst bald in eine Vorratsflasche aus Kunststoff oder in eine vorgereinigte Glasflasche (S. 34). Es handelt sich um eine Urtiterlösung, die entsprechend sorgfältig aufbewahrt werden muß. Der Titer ist, wenn keine Metallionen dazukommen, unbegrenzt lange konstant.

ÄDTA-Maßlösung, 0,00500 m

Löse 1,8625 g Dinatriumdihydrogenäthylendiamintetraacetatdihydrat auf 1000 ml in reinstem dest. Wasser und bewahre die Lösung in einem entsprechenden Gefäß (siehe oben) auf.

Zinkacetat-Maßlösung, 0,001 m

Löse 219,5 mg Zinkacetatdihydrat auf 1000 ml in reinstem dest. Wasser und bringe die Lösung in eine Vorratsflasche aus Kunststoff. Der Titer dieser Lösung wird gegen eine 0,00100-m-ÄDTA-Maßlösung wie folgt gestellt:
Pipettiere 5,00 ml Zinkacetat-Maßlösung in ein Titrierkölbchen, setze 1 ml 1-n-Salzsäure (S. 123), 2 ml 3-n-Ammoniak (S. 116) und eine Spatelspitze Erio-T-Natriumchlorid-Gemisch (S. 118) zu und titriere mit der ÄDTA-Maßlösung bis zum Umschlag von Rot auf reines Blau.
Bestimme den Blindwert der Reagenzien auf folgende Art:
Pipettiere in ein Titrierkölbchen 5 ml reinstes dest. Wasser, setze 1 ml 1-n-Salzsäure, 2 ml 3-n-Ammoniak und eine Spatelspitze Erio-T-Natriumchlorid-Gemisch zu und titriere mit der 0,00100-m-

ÄDTA-Maßlösung bis zum Verschwinden des letzten Rotstiches.
Titriere vorsichtig und warte nach jedem Tropfen etwa 10 sec!
Ein eventueller Blindwert (mehr als 2 Tropfen ÄDTA) muß durch
Bereitung neuer Lösungen von Salzsäure und Ammoniak aus-
geschaltet werden.

Der Titer der Zinkacetatlösung wird berechnet nach der Formel:

$$\frac{\text{ml } 0,00100\text{-}m\text{-ÄDTA} - \text{Blindwert}}{5000} = m_{\text{Zn}}$$

Natronlauge

Die Verwendung einer absolut carbonatfreien Maßlösung von
Natronlauge im klinischen Laboratorium ist nicht üblich, da ihre
Herstellung und Aufbewahrung große Schwierigkeiten bereitet.
Doch sollte man trachten, den Carbonatgehalt so gering als möglich
zu halten. Einerseits wird damit, wie bereits gesagt, der Unterschied zwischen der Titration gegen einen Indikator, der im sauren,
und gegen einen Indikator, der im basischen Bereich umschlägt,
kleiner; andererseits wird der Umschlag schärfer, da die puffernde
Wirkung des Carbonats im alkalischen Bereich, welche ein Schlep-
pen des Umschlages verursacht, wegfällt.

Zur Bereitung einer carbonatarmen 0,1-n-Natronlauge bedient
man sich der SÖRENSEN-Lauge. Diese bereitet man auf folgende Art:
Löse 50 g Natriumhydroxyd p. a. unter kräftigem Schütteln in
50 ml dest. Wasser. Überführe die Lösung nach dem Abkühlen in
eine Kunststoffflasche geeigneter Größe, verschließe und lasse an
einem ruhigen Ort stehen. Die Lösung kann verwendet werden,
wenn sich das in der 50%igen Natronlauge unlösliche Natriumcarbonat abgesetzt hat, so daß die überstehende Lösung klar ist.

Zur Bereitung der 0,1-n-Natronlauge pipettiert man 5—6 ml
der klaren überstehenden Lösung ab und verdünnt sie mit 1 Liter
ausgekochtem dest. Wasser.

Mit Hilfe des bei der Salzsäure (S. 20) angegebenen Näherungs-
verfahrens kann eine faktorfreie Natronlauge hergestellt werden.
Dies ist jedoch im allgemeinen nicht üblich, da die Natronlauge
nicht so gut haltbar ist wie die Salzsäure und der Titer mit zu-
nehmendem Carbonatgehalt vom Indikator abhängt. Es ist zu
empfehlen, eine Natronlauge zu bereiten, die etwas stärker ist als
0,1 n.

Stellen des Titers der 0,1-n-Natronlauge:

Wäge 4—5 Portionen von je 300—390 mg Kaliumhydrogenjodat
auf 0,1 mg genau und löse sie jeweils in etwa 50 ml dest. Wasser.

Versetze die Lösung mit 3 Tropfen Methylrot (S. 122) und 1 Tropfen Methylenblau (S. 122) oder mit Dimethylgelb (S. 118) bzw. Phenolphthalein (S. 123) und titriere mit der Natronlauge aus einer 10 ml fassenden, in 0,02 ml geteilten Bürette bis zum jeweiligen Umschlag. Die Normalität der Natronlauge berechnet man auf folgende Art:

$$n = \frac{\text{Einwaage in mg}}{390 \times \text{ml Natronlauge}}$$

Da 1,00 ml einer 0,100-n-Natronlauge für 39,0 mg Kaliumbijodat verbraucht werden, berechnet man den Faktor der 0,1-n-Natronlauge nach der Formel:

$$F = \frac{\text{Einwaage in mg}}{39 \times \text{ml Natronlauge}}$$

Mit Hilfe der so bereiteten Natronlauge wird eine faktorfreie Salzsäure gestellt, die im weiteren Verlauf zur ständigen Kontrolle des Titers der Natronlauge dienen soll. Da mit der 0,1-n-Natronlauge die Acidität des Magensaftes bestimmt wird und man zu diesem Zweck gegen zwei Indikatoren titriert, muß der Titer gegen beide Indikatoren ermittelt werden. Im allgemeinen wird sich der Titer gegen Dimethylgelb wenig ändern, während der gegen Phenolphthalein infolge Aufnahme von Carbonat aus der Luft im Laufe der Zeit kleiner wird.

Bereitung der 0,02-n-Natronlauge:
Pipettiere 50,0 ml 0,1-n-Natronlauge in einen 250 ml Maßkolben und fülle mit dest. Wasser auf.

Stellen des Titers der 0,02-n-Natronlauge:
Pipettiere 5 ml 0,0100-n-Salzsäure in ein Kölbchen, setze den entsprechenden Indikator zu und titriere mit der Natronlauge bis zum Umschlag.

$$n = \frac{\text{ml } 0,0100\text{-}n\text{-HCl} \times 0,01}{\text{ml NaOH}}$$

$$F = \frac{2,50}{\text{ml NaOH}}$$

Salzsäure

Wie bereits gesagt, soll man trachten, eine genau 0,100-n-Salzsäure zu bereiten, da sie beständig ist und man daraus durch 10faches Verdünnen eine genau 0,0100-n-Salzsäure herstellen kann.

Bereitung der 0,100-n-Salzsäure:

1. Versetze 120 ml conc. Salzsäure p. a. ($d = 1,19$) mit 10 Liter dest. Wasser und schwenke gut um.

2. Gieße davon etwa 30 ml in ein Becherglas, pipettiere 10,00 ml aus dem Becherglas in ein Titrierkölbchen und gib dazu 3 Tropfen Methylrot und 1 Tropfen Methylenblau (S. 122).

3. Titriere mit der 0,1-n-Natronlauge aus einer 10 ml fassenden, auf 0,02 ml genau ablesbaren Bürette auf Stahlblau.

4. Multipliziere den Verbrauch an Natronlauge mit dem Titer der Natronlauge und berechne daraus, wie stark die Salzsäure zu verdünnen ist.

Beispiel zur Berechnung des Wasserzusatzes zur Salzsäure:

10,00 ml Salzsäure haben 9,76 ml einer 0,114-n-Natronlauge verbraucht. Die Salzsäure ist demnach $\dfrac{9,76 \times 0,114}{10} = 0,1113\ n$.

Damit die Salzsäure $0,100\ n$ wird, müßte man die 10 Liter auf 11,13 Liter verdünnen, d. h. 1,13 l Wasser zusetzen.

Ergab sich nach der erfolgten Titration und Berechnung, daß die Salzsäure schwächer als $0,1\ n$ ist, so muß mehr conc. Salzsäure zugesetzt werden, da auf alle Fälle zu trachten ist, zunächst eine stärker als 0,1-n-Salzsäure herzustellen.

Nun setzt man im obigen Beispiel nicht 1,13 l Wasser zu, sondern nur 1,00 l, damit ein eventueller Fehler bei der Titration zu keinem übermäßigen Verdünnen führt. Man schwenkt um und wiederholt die Titration (1.—4.) und die Berechnung. Auch diesmal wird man jedoch weniger Wasser zusetzen, als man berechnet hat. Dies wird fortgesetzt, bis die Titration zeigt, daß die Lösung genügend nahe an $0,100\ n$ ist.

Bereitung der 0,05-n-Salzsäure:

Mische gleiche Volumina 0,100-n-Salzsäure und dest. Wasser. Die Lösung hat nur dann den genauen Titer von $0,0500\ n$, wenn zum Abmessen der 0,100-n-Salzsäure und des Wassers die gleiche oder geeichte Pipetten verwendet werden.

Kaliumhydrogenjodat-Urtiterlösung

Kaliumhydrogenjodat hat die Formel $KH(JO_3)_2$ und ein Molekulargewicht von 389,93. In wässeriger Lösung dissoziiert ein durch Lauge titrierbares Wasserstoffion ab. In einer Säure-Basen-Titration ist also das Äquivalentgewicht des Kaliumhydrogenjodats gleich dem Molekulargewicht.

Als Urtiter in der Jodometrie beruht seine Verwendung jedoch auf einer völlig anderen Reaktion. Säuert man eine Lösung, die Kaliumbijodat und Kaliumjodid enthält, mit Salzsäure an, so läuft folgende Reaktion ab:

$$KH(JO_3)_2 + 10\,KJ + 11\,HCl = 6\,J_2 + 11\,KCl + 6\,H_2O$$

Ein Molekül Bijodat liefert daher aus eigenem Vorrat sowie aus dem des Kaliumjodids 12 Jodatome. Diese werden mit Thiosulfat titriert. Demnach ist das Äquivalentgewicht ein Zwölftel des Molekulargewichtes.

Lösungen von Kaliumbijodat sind sehr beständig. Daher werden in diesem Buch alle Maßlösungen mit Ausnahme der ÄDTA-Lösung auf Bijodat bezogen. Daraus ergibt sich, daß die Genauigkeit eines Großteils der hier beschriebenen Methoden davon abhängt, mit welcher Sorgfalt dieser Urtiter eingewogen und seine Maßlösungen aufbewahrt werden. Nachlässigkeiten im Wägen, falsche Gewichte, Verlust an eingewogener Substanz, oder einiger Tropfen der konzentrierten Lösung, schlechte Maßgefäße usw. verursachen Fehler, die nur dann festgestellt werden können, wenn eine neue Urtiterlösung bereitet wird.

Bijodatstammlösung, 0,100 n (Jodometrie):
Löse 3,2495 g Kaliumbijodat zu 1 Liter in dest. Wasser.

Bijodaturtiterlösung, 0,00500 n (Jodometrie):
Pipettiere 20,00 ml der 0,100-n-Stammlösung in einen 1-Liter-Kolben und fülle mit dest. Wasser zur Marke auf.
Vermerke deutlich sichtbar am Schildchen, daß diese Lösung für jodometrische Bestimmungen gedacht ist.

Thiosulfatlösung

Da 1 Mol Thiosulfat mit 1 Atom Jod reagiert und dieses zu Jodid reduziert, ist das Äquivalentgewicht des Natriumthiosulfats gleich dem Molekulargewicht. 2 Moleküle Thiosulfat geben 2 Elektronen ab und werden zu einem Tetrathionat oxydiert (siehe Gleichung S. 12).

Die Thiosulfatlösung ist bei saurer Reaktion unbeständig. Die Thioschwefelsäure zerfällt nämlich allmählich, wobei schwefelige Säure und Schwefel entstehen; aus dem Thiosulfation bildet sich dabei ein Sulfition und elementarer Schwefel.

$$S_2O_3{}^{2-} = SO_3{}^{2-} + S$$

Diese Reaktion tritt bis zu einem gewissen Grade schon bei Anwesenheit von freier Kohlensäure im Wasser ein. Das entstandene

Sulfit reagiert zwar auch mit elementarem Jod und reduziert es zu Jodid, jedoch so, daß 1 Sulfit 2 Elektronen abzugeben vermag.

$$SO_3{}^{2-} + H_2O = SO_4{}^{2-} + 2e + 2H^+$$

Dies würde also zu einer Zunahme des Titers führen. Andererseits tritt auch Oxydation durch den Luftsauerstoff ein, was eine Abnahme des Titers verursacht. Schließlich können Schwefelbakterien Thiosulfat angreifen, was gleichfalls zu einer Abnahme des Titers führt.

Die Summe aller dieser Störungen ist eine ständige Abnahme des Titers, so daß es keinen Sinn hat, eine faktorfreie Lösung zu bereiten. Auf alle Fälle soll die Vorratslösung nicht schwächer als 0,1 n sein. Die verdünnteren Lösungen muß man sich täglich bereiten und gegen die Urtiterlösung stellen. Das Wachstum der Bakterien verhindert man am besten durch Zusatz von Amylalkohol; die Wirkung der Kohlensäure wird abgeschwächt durch Zusatz von Natriumcarbonat.

Bereitung der 0,1-n-Thiosulfatstammlösung:

Löse 25 g $Na_2S_2O_3$. 5 H_2O und 5 g Natriumcarbonat in 1 Liter dest. Wasser, das aufgekocht und wieder abgekühlt wurde, setze 1—2 ml Amylalkohol zu, stelle den Titer wie unten beschrieben und bewahre die Lösung gut verschlossen an einem kühlen Ort auf.

Bereitung der 0,005-n-Thiosulfatlösung:

Pipettiere 5,00 ml der 0,1-n-Stammlösung in einen 100-ml-Maßkolben und fülle mit dest. Wasser auf. Stelle den Titer.

Stellen des Titers der Thiosulfatlösung:

Pipettiere in ein 50-ml-Titrierkölbchen 5,00 ml der Bijodaturtiterlösung, versetze mit einer Spatelspitze Kaliumjodid (jodfrei!), 1—3 ml verd. Salzsäure und 1—2 Tropfen Stärkelösung (S. 124) und titriere mit Thiosulfat auf Farblos.

$$n = \frac{5,00}{\text{ml Thiosulfat}} \times \text{Normalität der Bijodatlösung}$$

$$F = \frac{5,00}{\text{ml Thiosulfat}}$$

Nimm das Mittel aus 3 Bestimmungen!

Der Titer soll unmittelbar vor Verwendung der 0,005-n-Thiosulfatlösung gestellt werden und ist meist nur für einen Tag verwendbar. Das soll nicht bedeuten, daß man bei Aufbewahrung dieser verdünnten Lösung bis zum nächsten Tag unbedingt eine

Abnahme des Titers finden muß. Die Gefahr, daß der Titer sich verändert, ist jedoch so groß und die Abnahme oft so rasch, daß man unbedingt dem Grundsatz, die Lösung jeweils frisch zu bereiten, folgen muß.

Jodmaßlösung

Jod ist in Wasser nur sehr wenig löslich, löst sich jedoch leicht und vollständig in einer Kaliumjodidlösung. Der dabei gebildete Komplex J_3^- ist von gelbbrauner Farbe.

Jodlösungen können durch genaue Einwaage von reinstem elementarem Jod hergestellt werden. Da jedoch Jod sehr flüchtig ist und auch in einer Kaliumjodidlösung beträchtlichen Dampfdruck besitzt, ist es auch hier besser, eine annähernd 0,1-*n*-Lösung zu bereiten und deren Titer gegen Thiosulfat zu stellen.

Bereitung der 0,1-n-Jodlösung:
Löse etwa 25 g Kaliumjodid p. a. in etwa 35 ml dest. Wasser, setze 12,7 g elementares Jod zu und rühre, bis es sich vollständig löst. Überführe die Lösung in die Vorratsflasche und spüle mit 950 ml dest. Wasser nach.

Stellen des Titers der Jodlösung:
Pipettiere 10,00 ml Jodlösung in ein 50-ml-Kölbchen, setze 1 ml verd. Salzsäure zu und titriere mit der 0,1-*n*-Thiosulfatlösung, bis die Farbe schwach gelb ist. Setze 2—3 Tropfen Stärkelösung zu und titriere vorsichtig weiter, bis die blaue Farbe verschwindet.

$$n = \frac{\text{ml Thiosulfat}}{10} \times \text{Normalität der Thiosulfatlösung}$$

$$F_{\text{Jod}} = \frac{\text{ml Thiosulfat}}{10} \times F_{S_2O_3}$$

Kleinere Mengen von Jodlösung, die unmittelbar verwendet werden und keiner Titerstellung bedürfen, kann man sich aus der Bijodatlösung herstellen. Als Beispiel sei die Bereitung einer 0,0100-*n*-Jodlösung angegeben:
Pipettiere in einen 250-ml-Maßkolben 25,00 ml der 0,100-*n*-Bijodatlösung, setze 10 g Kaliumjodid zu, schwenke, bis sich das Salz gelöst hat, und fülle mit 0,1-*n*-Salzsäure bis zur Marke auf. Nach dem Durchmischen ist die Lösung gebrauchsfertig.

Quecksilber(II)-nitrat-Maßlösung

Da das Quecksilber(II)-nitrat sehr hygroskopisch ist, läßt es sich nicht zur Herstellung einer auch nur annähernd genauen

Maßlösung verwenden. Aus diesem Grunde wird empfohlen, die 0,02-n-Maßlösung durch Einwägen und Auflösen von rotem Quecksilberoxyd in conc. Salpetersäure zu bereiten.

Bereitung der 0,02-n-Quecksilber(II)-Maßlösung:

Löse in einem Becherglas oder Wägeglas 2,166 g rotes Quecksilberoxyd in 2 ml conc. Salpetersäure, spüle diese Lösung in einen 1-Liter-Maßkolben und fülle mit Wasser auf.

Zum Stellen der Lösung kann man eine 0,02-n-Lösung von Natriumchlorid verwenden; viel einfacher ist es jedoch, die Maßlösung gegen eine faktorfreie 0,0100-n-Salzsäure zu stellen (S. 19).

Stellen des Titers der Quecksilber(II)-Maßlösung:

Pipettiere in ein Titrierkölbchen 5,00 ml der 0,0100-n-Salzsäure, setze 1 Tropfen Diphenylcarbazonlösung (S. 118) zu und titriere aus einer auf 0,02 ml eingeteilten, 10 ml fassenden Bürette mit der Quecksilbernitratlösung bis zur ersten bleibenden Farbänderung.

Berechnung:

$$n = \frac{0,05}{\text{ml Quecksilbernitrat}}$$

$$F = \frac{5}{\text{ml Quecksilbernitrat} \times 2}$$

Die Maßlösung ist gut verschlossen unbegrenzt haltbar. Man achte jedoch darauf, daß während oder nach der Herstellung der Lösung keine Trübung auftritt. Quecksilbernitrat unterliegt nämlich sehr leicht der Hydrolyse. Diese kann durch Zusatz von wenigen Tropfen Salpetersäure verhindert werden; ein eventuell entstandener Niederschlag löst sich jedoch nur allmählich wieder auf. Man vermeide es aber, zu viel Salpetersäure zuzusetzen, da die Titration stark p_H-abhängig ist.

Geräte

Die Genauigkeit und Reproduzierbarkeit ist nicht nur von der Exaktheit der Lösungen abhängig, sondern auch sehr stark von der Zuverlässigkeit und Sauberkeit der Geräte. Dies gilt im besonderen für das klinische Laboratorium, wo eine so große Anzahl von Stoffen verschiedenster Art routinemäßig im Mikromaßstab bestimmt wird. Es ist daher sehr empfehlenswert, für jede Bestimmungsart einen eigenen Satz von Geräten zu verwenden, was die Reinigung der Geräte für den speziellen Zweck stark erleichtert und viele Fehlermöglichkeiten von vornherein ausschaltet.

Im nachfolgenden sollen wichtige, allgemein gültige Hinweise gebracht werden, die bei der Beschaffung, Handhabung, Reinigung und Aufbewahrung der Geräte, insbesondere der Maßgeräte, zu beachten sind. Speziell für die Komplexometrie gültige Regeln werden dort gebracht (S. 34).

Abgesehen davon, daß es Maßgeräte gibt, die von vornherein keine große Genauigkeit erlauben, ist die Zuverlässigkeit von Geräten, die für die Maßanalyse bestimmt sind, sehr stark von der Anwendungsart abhängig. Zunächst muß jeder Anfänger darauf aufmerksam gemacht werden, daß es Geräte gibt, in die man ein genaues Volumen e i n f ü l l e n kann (Eichung auf „Einguß" manchmal durch E gekennzeichnet, z. B. Maßkolben, gewisse Pipetten usw.), und solche, aus denen man ein genaues Volumen a u s f l i e ß e n lassen kann (Eichung auf „Ausguß" durch ein A gekennzeichnet, z. B. Büretten, gewisse Pipetten usw.).

Büretten

Die Bürette ist neben der Pipette und dem Maßkolben das wichtigste Instrument der Maßanalyse, weswegen sie etwas ausführlicher besprochen werden muß. Für Büretten wie für jedes Maßgefäß gilt die Grundregel, daß man sie unter Bedingungen verwenden soll, die denen des Eichungsvorganges möglichst ähnlich sind. Läßt man aus einer Bürette Lösung ausfließen, so bleibt in der Bürette ein dünner Flüssigkeitsfilm haften. Das Volumen dieses Filmes ist bei der Eichung berücksichtigt. Die Wand der Bürette muß also vollkommen benetzbar sein, was nur dann gewährleistet ist, wenn die Bürettenwand fettfrei ist. Dies läßt sich bei jeder zweckmäßig hergestellten Bürette bei Einhaltung gewisser Vorsichtsmaßnahmen sicher erreichen.

Leider gibt es im Handel sehr viele Bürettenarten, die zwar sehr genau geeicht sind, jedoch wegen ihrer Konstruktion unweigerlich durch Hahnfett verunreinigt werden. Dies sind alle Büretten, die man von unten füllt, sei es, daß man die Lösung aufsaugt oder daß die Lösung mit Hilfe eines unten angebrachten Hahnes aus einem höher stehenden Vorratsgefäß eingefüllt wird. In beiden Fällen muß die Maßlösung an einem gefetteten Hahn vorbeifließen, reißt Fett mit und deponiert dieses dann im graduierten Teil der Bürette. Meist handelt es sich bei diesen Büretten um solche, die nur ein kleines Volumen fassen, daher sehr eng sind und von oben nur unter größten Schwierigkeiten gefüllt werden können. So ergibt sich die Frage, ob diese kleinen, z. B. nur 2 ml fassenden Büretten unbedingt erforderlich sind.

Die Büretten müssen im klinischen Laboratorium mit einer Genauigkeit von 0,02 ml abgelesen werden. Eine Genauigkeit von 0,01 ml oder darunter wird bei keiner in diesem Buch beschriebenen Vorschrift verlangt; denn schon aus der Vorbereitung der Probe bis zur Titration ergeben sich in den meisten Fällen größere Fehlerquellen. Nur wenn man im sogenannten *Ultramikrobereich* arbeitet, muß man Volumina auf 0,001 ml genau messen können. Man verwendet dann aber auch anders gebaute Büretten, die insgesamt nur Bruchteile von einem Milliliter fassen.

Alle in diesem Buche beschriebenen Methoden lassen sich mit Hilfe einer 10 ml fassenden, auf 0,02 ml eingeteilten Bürette durchführen. Auch dann, wenn man sicher nicht mehr als 2 ml verbrauchen würde, wie z. B. bei der Blutzuckerbestimmung nach Hagedorn-Jensen, ist diese Bürette durchaus zu empfehlen. Man kann sie, wenn man sich eine automatisch füllbare Bürette mit Vorratsgefäß beschafft, für jede Titration jeweils rasch und genau auf die Marke 0,00 auffüllen.

Diese automatisch zu füllenden *Büretten mit Standgefäß* (Abb. 3) werden von oben gefüllt; die Lösung kommt also nirgends mit Fett in Berührung; die Lösung ist in der Vorratsflasche vor dem Verdunsten weitgehend geschützt; die Bürette kann über Nacht mit der Lösung gefüllt stehen bleiben, was die Wand vor Verunreinigung schützt; schließlich ist die Bürette standfest aufgestellt und somit einer geringeren Bruchgefahr ausgesetzt. Sollte es beim Versuch, die Bürette zu füllen, zu Blasenbildung kommen, so ist dies, wenn die Bürette nicht trocken war, fast immer ein Zeichen dafür, daß auf irgendeine Art Fett in die Bürette gelangt ist.

Hat man keine automatisch füllbare Bürette, so soll man erst recht nur eine solche benützen, die ein Volumen von 10 ml faßt, da diese einen ausreichend großen Durchmesser hat. Man füllt die Bürette dann von oben durch Eingießen der Lösung. Dies kann entweder mit Hilfe einer Pipette oder mit Hilfe eines kleinen Trichters mit engem Ausflußrohr erfolgen (das erste Mal bei geöffnetem Bürettenhahn). Den Trichter kann man sich durch Ausziehen eines Reagenzglases selbst herstellen. Benützt man einen Trichter, so ist dieser nach dem Füllen unbedingt zu entfernen; im Trichterrohr und zwischen diesem und der Bürettenwand bleiben immer Tropfen hängen, die sich im Laufe einer Titration unvorhergesehen ablösen können und dann natürlich das abzulesende Volumen der Flüssigkeit verändern.

Büretten, in denen sich Maßlösungen befinden, die das Glas nicht angreifen und das Festsetzen der Hähne durch Krustenbildung nicht hervorrufen, sollen einen *Glashahn* haben. Dieser muß sorgfältig, aber auf keinen Fall übermäßig gefettet werden. Die

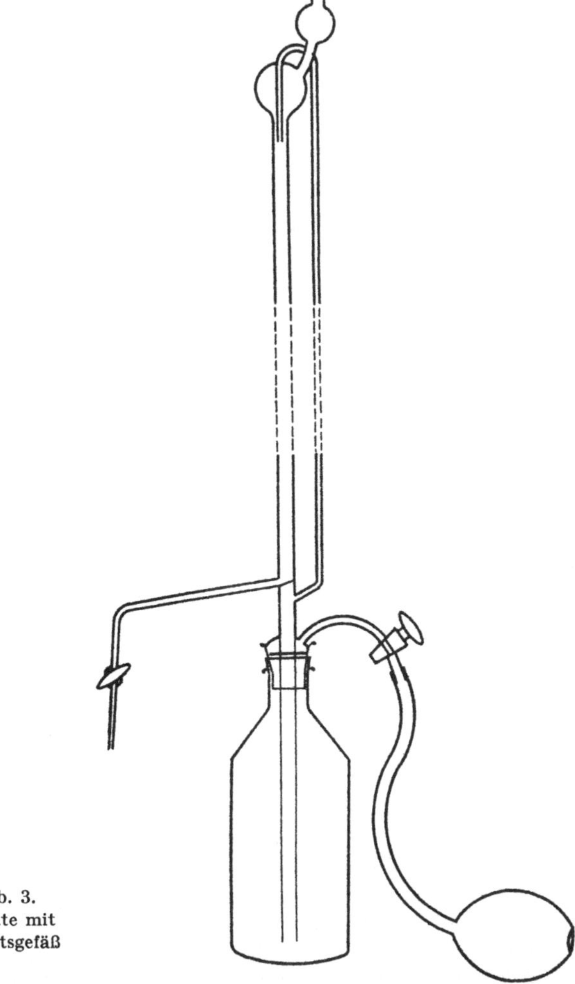

Abb. 3.
Bürette mit
Vorratsgefäß

Fettmenge muß so gewählt sein, daß kein Fett in die Hahn-bohrung gelangt. Es kann sich loslösen und die Bürettenspitze verstopfen oder aber in den graduierten Teil der Bürette gelangen und dort die Wand fetten.

Ist die Bürettenspitze verstopft, so versucht man zunächst, bei offenem Hahn mit einem dünnen Draht die verschließenden Pfrop-

fen zu lockern und herauszuziehen. Gelingt es auf diese Art nicht,
so nimmt man das Hahnkücken heraus und versucht nun, den
Pfropfen von oben mit dem Draht herauszuschieben oder aber,
wenn es sich um Fett handelt, mit etwas Petroläther aufzulösen.
Auf keinen Fall soll man den verschließenden Pfropfen durch Aufsaugen von Lösung nach oben reißen; er würde die Bürettenwand
verunreinigen.

Zum *Fetten* verwendet man entweder das übliche Hahnfett oder
Siliconfett. In beiden Fällen muß der Hahn vor dem Fetten nicht
nur gesäubert, sondern auch vollkommen getrocknet werden. Man
bringe auf das Hahnkücken in kleinen Portionen gerade so viel
Fett auf, daß die Oberfläche bedeckt ist, und achte darauf, daß
kein Fett in die Bohrung gelangt. Von dort müßte es auf alle
Fälle entfernt werden. Eine kleine Fettmenge läßt sich besonders
leicht auftragen und gut verteilen, wenn das Hahnkücken etwas
erwärmt wird (Vorsicht!).

Für die Natronlauge verwendet man meist eine Bürette, die
statt eines Glashahnes einen Gummischlauch mit *Quetschhahn* besitzt. Oft findet man statt des Quetschhahnes eine kleine Glaskugel
als Verschluß im Schlauch. Wenn man den Gummischlauch an der
Stelle, wo sich die Kugel befindet, etwas drückt, so rinnt die
Flüssigkeit aus. Dieser Verschluß ist zwar sehr leicht zu hand-
haben, hat jedoch den Nachteil, daß bei Nachlassen des Druckes
die Lösung in der Bürettenspitze ein wenig steigt, somit also mehr
ausfließt, als der Ablesung entspricht.

Während der Titration darf die Lösung aus der Bürette nicht
zu rasch fließen, da die Eichung nur für eine gewisse *Ausflußgeschwindigkeit* gilt. Bei einer intakten Bürette ist der Durchmesser des Ausflußrohres an der Spitze so bemessen, daß die korrekte Ausflußzeit eingehalten wird. Wird jedoch die Spitze ab-
gebrochen und die Ausflußöffnung erweitert, so hat man für korrekte Fließgeschwindigkeit durch Regulieren der Hahnöffnung zu
sorgen. Welche Rolle die Ausflußgeschwindigkeit spielt, kann man
feststellen, wenn man die Bürette rasch bis zu einer Marke ausfließen läßt und nun beobachtet, wie sich die Ablesung durch die
herabfließende Lösung verändert.

Die Bürette wird so abgelesen, daß man die Augen in der Höhe
der abzulesenden Marke hält. Wenn die Bürette eine ringförmige
Markierung hat, dann ist man in der richtigen Höhe, wenn der
Kreis wie eine Gerade aussieht. Daher ist zu empfehlen, nur solche
Büretten zu verwenden, bei denen zumindest jede 0,10-Marke
kreisförmig angebracht ist. Beim Ablesen muß der untere Rand
des Meniskus in der Höhe der Marke liegen.

Sehr vorteilhaft sind auch Büretten mit einem SCHELLBACH-Streifen. Es handelt sich um einen meist blauen oder roten senkrechten Strich an der Hinterwand der Bürette, der durch die Lösung betrachtet breiter erscheint als an der leeren Bürettenstelle. An der abzulesenden Stelle der Bürette verengt er sich zu einer Spitze.

Wird die Bürette ständig verwendet, so soll man sie mit der Maßlösung gefüllt stehen lassen. Selbstverständlich muß sie dann mit einem Gummistopfen oder mit einem umgekehrten Becherglas (oder Reagenzglas) verschlossen werden, damit kein Staub hineinfallen kann. Bei automatischen Büretten soll die obere Öffnung mit einem Wattebausch verschlossen sein. Wird eine Bürette nicht mehr benötigt, so ist sie sorgfältig zu reinigen (siehe weiter unten); der Hahn wird entfettet und die Bürette getrocknet, indem man sie bei offenem Hahn mit der Spitze nach oben stehen läßt. Die obere Öffnung der trockenen Bürette wird mit einem Wattebausch verschlossen; zwischen Hahnkücken und Bohrung wird ein Stück Filterpapier gesteckt.

Wie bereits gesagt, ist mit besonderer Sorgfalt darauf zu achten, daß die Bürettenwand nicht fett ist. Wenn man festgestellt hat, daß die abfließende Lösung keinen Film bildet, sondern sich in Form von Tröpfchen absetzt, muß die Bürette sofort gründlich gereinigt werden. Im nachfolgenden werden drei *Methoden zur Reinigung* angegeben; nur dann, wenn die erstgenannte zu keinem Erfolg führt, sollte eine der beiden anderen angewandt werden.

1. Es gibt eine Reihe *moderner Waschmittel* (Netzmittel, Detergentien), die sich auch für die Reinigung von Maßgefäßen eignen. Meist handelt es sich um Fettalkohol-Sulfonate. Die Bürette wird mit einer 1—5%igen Lösung dieser Netzmittel gefüllt und so einige Stunden stehen gelassen. Dann wäscht man sie mit dem gleichen Mittel durch und spült schließlich gründlich mit dest. Wasser. Bildet das ausfließende Wasser an der Wand Tröpfchen, so versucht man die Reinigung mit Chromschwefelsäure.

2. Die *Chromschwefelsäure*, das „klassische Mittel" zur Reinigung von Glasgefäßen, bereitet man durch Lösen von 30 g Kaliumdichromat in 1 Liter conc. Schwefelsäure. Die zu reinigende Bürette füllt man mit dieser Lösung und läßt sie so über Nacht stehen. Dann wird die Chromschwefelsäure in die Vorratsflasche gegossen und die Bürette mit dest. Wasser ausgiebig gespült. Die Chromschwefelsäure ist ein starkes Oxydationsmittel und zerstört nicht nur das Fett, sondern auch andere organische Verunreinigungen. Sie greift Tische, Arbeitskleidung und Haut an, so daß man Verspritzen und Verschmieren auf alle Fälle vermeiden muß. Hat

auch die Chromschwefelsäure die Verunreinigung nicht lösen
können, so versuche man alkalische Permanganatlösung.

3. Die *alkalische Permanganatlösung* bereitet man durch Lösen
von 10 g Kaliumpermanganat in 1 Liter 10%iger Natronlauge.
Diese Lösung ist nicht nur ein starkes Oxydationsmittel, sondern
emulgiert auch das Fett. Die starke Lauge greift Glas an und soll
nicht länger als über Nacht in der zu reinigenden Bürette bleiben.
Da durch Reduktion des Permanganats Braunstein entsteht, sieht
man nach ausgiebigem Spülen mit dest. Wasser an den verun-
reinigten Stellen manchmal braune Flecke. Diese lösen sich sehr
leicht in einer mit Schwefelsäure angesäuerten, verdünnten Lösung
von Wasserstoffsuperoxyd.

Während man die Verunreinigungen der Geräte durch übliches
Fett auf diese Arten meist entfernen kann, bereitet eine durch
Siliconfett verunreinigte Bürette oft große Schwierigkeiten. Ein
äußerst wirksames, jedoch vorsichtig anzuwendendes Mittel, das
auch bei sehr hartnäckigen Fällen Erfolg hat, besteht aus einem
Gemisch eines modernen Netzmittels mit sauren Fluoriden oder
verdünnter Flußsäure (3—5%).

Pipetten

Pipetten kann man nach zwei Gesichtspunkten einteilen; einerseits gibt es *Vollpipetten*, die nur das Abmessen eines bestimmten
Volumens gestatten, und *graduierte Pipetten*, die eine Einteilung
wie die Büretten besitzen; andererseits gibt es *Auslaufpipetten*,
aus denen das angegebene Volumen ausfließt, und *Auswasch-* (oder
Ausblas-) *Pipetten*, die das angegebene Volumen fassen.

Die üblichen Pipetten für genaues Messen im analytischen
Laboratorium sind *Auslauf-Vollpipetten*. Sie besitzen eine bauchige Ausweitung und eine Marke im schmäleren Mundstück. Je
kleiner der Durchmesser jenes Teiles ist, an dem sich die Marke
befindet, desto genauer ist die Ablesung. Man achte darauf, daß
die Marke nicht zu hoch oben angebracht ist, wodurch das Pipettieren sehr erschwert wird.

Immer dann, wenn in diesem Buche das Volumen auf zwei
Dezimalen angegeben ist, sollte man geeichte Pipetten verwenden.
Solche sind im Handel erhältlich. Das Eichen zur Kontrolle kann
auch selbst besorgt werden, ist jedoch mühsam und bezüglich der
Durchführung muß auf ausführlichere Werke verwiesen werden.

Durch Verwendung *geeichter Pipetten* ist zwar nicht die Gewähr gegeben, daß man z. B. tatsächlich 2,00 ml Blutserum pipettiert. Die Pipette ist nämlich auf Wasser geeicht; das Serum hat
jedoch eine viel größere Viskosität, so daß die Dicke des an der

Wand haftenden Filmes sicher eine andere ist. Man hat aber bei Verwendung dieser Pipetten zum Abmessen des Serums zumindest die Gewißheit, daß man jedes Mal das gleiche Volumen Serum pipettiert: die Werte werden reproduzierbar.

Nur dann, wenn die Pipette so gehandhabt wird, wie dies bei der Eichung erfolgte, wird das exakte Volumen pipettiert. Die Pipette soll beim Aufsaugen nicht zu tief in die Lösung tauchen. Hat man dies bei giftigen oder infektiösen Flüssigkeiten aus Vorsicht gemacht, so muß die Pipette außen gut abgewischt werden. Man ziehe bei allen nicht „silikonierten" Pipetten nicht zu hoch über die Marke auf; der nach dem Auslaufen über der Marke verbleibende Film kann Fehler hervorrufen.

Die *Auslaufzeit* spielt eine genau so wichtige Rolle wie bei der Bürette und ist vom Erzeuger durch Hemmen des Ausflusses (verengtes Lumen an der Spitze) geregelt. Auch hier wirkt sich also eine abgebrochene Spitze nachteilig aus. Selbstverständlich darf man das Ausfließen nicht durch Blasen beschleunigen. Ist eine Auslaufpipette entleert, so bringt man die Spitze mit der Flüssigkeitsoberfläche in Berührung. Der unter diesen Bedingungen in der Spitze verbleibende Tropfen darf nicht ausgeblasen werden; er ist in die Eichung einbezogen.

Auswaschpipetten (Abb. 4) haben, wenn es sich um Vollpipetten handelt, eine größere Genauigkeit als Auslaufpipetten. Die Marke befindet sich an einer engen, fast kapillaren Stelle, so daß die Ablesung sehr genau ist. Wenn die Pipette gefüllt ist, so befindet sich in ihr das angegebene Volumen. Man bläst den Inhalt aus und wäscht von oben mit dem Lösungsmittel (Wasser) nach. Vielfach wird die Pipette auch so gewaschen, daß die Waschflüssigkeit nach Ausblasen der Pipette aufgezogen und ausgeblasen wird (Blutzuckerbestimmung).

Es kann empfohlen werden, Auswaschpipetten zu „siliconieren". Zu diesem Zweck zieht man in die Pipette eine etwa 1%ige Lösung von Siliconfett in Chloroform auf, läßt die Lösung ausfließen und trocknet die Pipette an der Wasserstrahlpumpe. Diese Vorbehandlung hat den Vorteil, daß auch dann, wenn man die zu messende Flüssigkeit sehr weit über die Marke aufzieht, dort kein Flüssigkeitsfilm zurückbleibt. Gut siliconierte Pipetten kann man durch Ausblasen entleeren und ohne Waschen wieder zum Pipettieren verwenden.

Abb. 4. Auswaschpipette nach PREGL

Graduierte Pipetten sind nicht sehr genau, weswegen man sie nur zur Abmessung jener Lösungen verwenden soll, deren Volumina ohne Dezimalstellen angegeben werden. Sie können sowohl Auslauf- als auch Auswaschpipetten sein. Wenn es sich um Auswaschpipetten handelt, ist „Siliconieren" zu empfehlen.

Nach dem Gebrauch werden die Pipetten gewaschen. Meist genügt es, wenn man mit Hilfe einer Wasserstrahlpumpe zunächst Leitungswasser und dann dest. Wasser durchzieht und die Pipetten zum Trocknen in den Trockenschrank gibt. Will man die Pipetten rasch trocknen, so zieht man nach dem dest. Wasser Alkohol durch, verschließt die Spitze mit einem kleinen Stück Filterpapier und schließt an die Wasserstrahlpumpe an. Bezüglich der Reinigung stark verunreinigter Pipetten gilt das bei den Büretten Gesagte.

Wird eine Pipette immer für die gleiche Lösung verwendet, so kann man sie, wenn es sich nicht um eine Maßlösung handelt, in einer Eprouvette stehend neben der Vorratsflasche aufbewahren.

Sind konzentrierte Säuren, infektiöses Material, radioaktive Stoffe usw. zu pipettieren, so soll dies nicht so gemacht werden, daß man mit dem Mund direkt an der Pipette saugt. Es ist sicherer, an die Pipette einen Schlauch zu schließen und dann diesen an Stelle der Pipette in den Mund zu nehmen. Besser noch ist es, überhaupt nicht mit dem Mund zu saugen. Es gibt eine ganze Reihe von Vorrichtungen (Gummiball, Injektionsspritze usw.), die zum Aufsaugen in die Pipette verwendet werden können.

Meßzylinder

Der Meßzylinder wird meist als Gerät verwendet, aus dem das angegebene Volumen ausfließt. Es gibt auch solche, die auf Einguß geeicht sind. Da es sich um ein nicht genaues Maßgerät handelt, darf es zur Herstellung von Maßlösungen nicht verwendet werden.

Maßkolben

Wenn ein Maßkolben bis zur Marke gefüllt ist, dann enthält er das angegebene Volumen. Entleeren der Flüssigkeit liefert ein kleineres Volumen, da ein Flüssigkeitsfilm im Kolben verbleibt. Die Eichung bezieht sich auf eine bestimmte Temperatur, und Abweichungen von dieser Temperatur sollen nicht mehr als 3° C betragen. Heiße oder kalte Flüssigkeiten sollen daher erst nach Erreichen der Eichtemperatur bis zur Marke aufgefüllt werden.

Bei der Anschaffung des Maßkolbens achte man darauf, daß der Hals nicht zu weit (größere Fehler bei schlechter Einstellung des Meniskus) und nicht zu eng (schweres Einfüllen) ist. Die Marke soll nicht zu hoch liegen, da bei kleiner Luftblase das Durchmischen mühselig ist.

Das Einstellen auf die Marke erfolgt wie bei allen Geräten so, daß der untere Rand des Meniskus in Höhe der Marke liegt. Beim Auffüllen setzt man das Wasser zum Schluß tropfenweise zu, was nach gewisser Übung auch mit der Spritzflasche gemacht werden kann. Beim Durchmischen hält man den Stopfen mit der Hand fest und schwenkt den Kolben so, daß der Boden nach oben steht. Dies soll etwa 10mal wiederholt werden. Die Luftblase führt dabei zu einem homogenen Durchmischen, was bei der Herstellung der Lösungen von ausschlaggebender Bedeutung ist.

Zentrifugengläser

Obwohl es sich hier um keine Maßgeräte handelt, soll hier einiges über die zweckmäßigste Form gesagt werden, da die Form bei der Gewinnung des Niederschlages eine entscheidende Rolle spielen kann. Auf keinen Fall soll man sich zum Ankauf einer bestimmten Art nur deswegen entschließen, weil sie in der Zentrifuge widerstandsfähiger ist als andere Arten.

Abb. 5 zeigt die drei üblichen Arten. Gläser der Form A sind besonders dann, wenn sie aus dickem Glas hergestellt wurden, sehr widerstandsfähig gegenüber der Belastung in der Zentrifuge. Man wird diese Form dann verwenden, wenn keine quantitative Gewinnung des Niederschlages beabsichtigt ist. In diesen Röhrchen wird nämlich der Niederschlag beim Dekantieren auch dann sehr leicht mitgerissen, wenn scharf abzentrifugiert wurde. Wird nicht dekantiert, sondern mit einem Glasrohr abgesaugt, so ist das über dem Niederschlag verbleibende Volumen der Lösung viel zu groß.

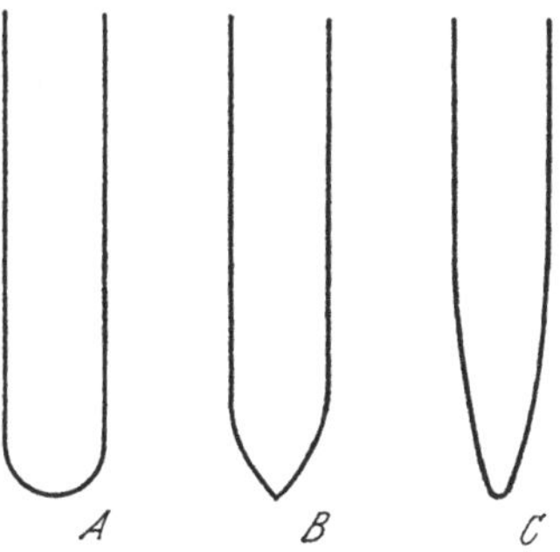

Abb. 5. Zentrifugengläser

Röhrchen der Form B sind leicht herstellbar und bei Verwendung von dickem Glas auch widerstandsfähig. Dickwandige Gläser sind jedoch gegen Erwärmen empfindlich. Zum Dekantieren und Absaugen eignen sich die Gläser dieser Art gut. In Röhrchen, deren Spitze so eng ist, daß man den Boden mit dem Rührstab nicht erreichen kann, läßt sich jedoch der Niederschlag nur schwer quantitativ auflösen.

Im allgemeinen wird man Gläser der Form C bevorzugen, da sie sowohl gegen Erhitzen als auch in der Zentrifuge ausreichend widerstandsfähig sind und sich ausgezeichnet für das Dekantieren eignen.

Glasstäbe

Die für das Umrühren im Zentrifugenglas unentbehrlichen Glasstäbchen wird man sich im allgemeinen selbst herstellen. Auf alle Fälle darf man zu diesem Zweck nur Geräteglas verwenden.

Bemerkungen zum praktischen Arbeiten in der Komplexometrie

Komplexometrische Methoden sind einfach, schnell und genau. Fehlschläge werden in fast allen Fällen durch die Nichtbeachtung des Unterschiedes verursacht, der zwischen diesen und anderen maßanalytischen Methoden besteht. So reagiert z. B. die ÄDTA-Maßlösung nicht mit einem, sondern mit einer ganzen Reihe von Metallionen. Es ist daher zweckmäßig, auf einige oft trivial erscheinende Punkte in einem eigenen Kapitel hinzuweisen.

Glasgeräte und ihre Behandlung

Die im klinischen Laboratorium verwendete ÄDTA-Maßlösung ist stark verdünnt, nämlich 0,001 m. Versuche haben gezeigt, daß der Titer dieser Lösung beim Aufbewahren in ungeeigneten Glasbehältern auf die Hälfte abnehmen kann (sogar innerhalb einer Woche!). Die Abnahme beruht nicht auf einer Zersetzung des ÄDTA, sondern wird dadurch bedingt, daß Metallionen (besonders Erdalkalien) vom Glas an die Lösung abgegeben werden. Sie reagieren mit dem ÄDTA und setzen so den Wirkungsgrad (Titer) der Lösung herab. Weichglas gibt, insbesondere wenn es fabrikneu ist, beträchtliche Mengen an Erdalkali-Ionen ab und sollte daher in einem Laboratorium nie verwendet werden. Hartglas ist zwar besser, beeinflußt jedoch im fabrikneuen Zustand ebenfalls den Titer. Gefäße aus chemischem Geräteglas, die lange in Gebrauch waren, haben eine „ausgelaugte" Oberfläche und zeigen geringe Tendenz zur Abgabe von Ionen an Wasser. Man darf aber nicht außer acht lassen, daß die Ionenabgabe an Wasser zwar vernachlässigbar sein kann, daß aber an eine ÄDTA-Lösung, insbesondere wenn sie alkalisch ist, noch immer Calcium abgegeben werden kann. Glasgeräte kann man für das Aufbewahren von Lösungen, die zur komplexometrischen Bestimmung dienen, dadurch geeignet machen, daß man sie mit einer basischen ÄDTA-Lösung behandelt. Zu diesem Zweck füllt man die Glasgeräte mit einer ammoniakalischen oder natronalkalischen Lösung von ÄDTA (z. B. 1 g ÄDTA und 2 g NaOH auf 100 ml Wasser) und läßt sie mindestens 24 Stunden stehen. So werden alle „beweglichen" Erdalkalien von der Oberfläche gelöst und das Gefäß wird einwandfrei. Diese Behandlung ist auch für Büretten mit Vorratsgefäß, Zentrifugengläser, Glasstäbe usw. empfehlenswert.

Die weit verbreitete Gepflogenheit, für jede Bestimmung einen eigenen Satz von Geräten zu verwenden, sollte insbesondere bei ÄDTA-Methoden ausnahmslos geübt werden. Ein Gefäß, das z. B. eine Kupferlösung enthielt, kann solche Mengen an Kupferionen adsorbieren, daß eine komplexometrische Titration mit Erio T durch Blockierung des Indikators unmöglich wird, wenn man nicht durch sehr gründliche Reinigung das Kupfer beseitigt.

Um jedoch die durch Verwendung von Glas bedingten Fehlerquellen von vornherein auszuschalten, empfiehlt es sich, wenn möglich Kunststoff zu verwenden. Dies gilt insbesondere für die Flasche, in der die ÄDTA-Maßlösung aufbewahrt wird.

Die Rührstäbchen sollen rundgeschmolzen und unbedingt aus Hartglas sein. Beim Rühren vermeide man jedes Kratzen an der Wand, außer wenn dies ausdrücklich gefordert wird. Eine mit ÄDTA gegen Erio T eben austitrierte Lösung kann nach Rot umschlagen, wenn mit dem Rührstäbchen an der Gefäßwand gekratzt wird: die calciumfreie Schicht wird verletzt, feinstes Glaspulver mit großer Oberfläche wird erzeugt und Calcium geht in Lösung.

Alle Glasgefäße müssen nach ausgiebiger Reinigung stets mit einwandfreiem dest. Wasser (s. unten) gespült werden. Leitungswasser darf zum Spülen nicht verwendet werden, denn es enthält Calcium und Magnesium, die komplexometrische Bestimmungen stören können.

Destilliertes Wasser

Ein Großteil der Mißerfolge bei komplexometrischen Mikrobestimmungen ist auf die ungenügende Reinheit des „destillierten Wassers" zurückzuführen. Ein biologisch einwandfreies dest. Wasser ist zwar frei von Bakterien und pyrogenen Stoffen, kann jedoch störende Mengen von Metallionen enthalten. Schadhafte Kühlschlangen in Destillationsapparaten werden, soferne sie aus Metall sind, üblicherweise mit Weichlot gelötet, was zur Bildung galvanischer Lokalelemente führt. Hierdurch gehen an sich zwar kleine, aber in der Komplexometrie störende Mengen von Schwermetallen in Lösung. Andererseits kann ein ursprünglich einwandfreies dest. Wasser dadurch verunreinigt werden, daß es in Weichglasflaschen aufbewahrt wird.

Soferne das Laboratorium nicht über eine eigene Destillationsanlage verfügt und die Bezugsquelle des dest. Wassers nicht absolute Gewähr für die Qualität bietet, ist die Überprüfung jeder Lieferung unerläßlich.

Einwandfreies dest. Wasser erzeugt jeder Destillationsapparat zur Reststickstoffbestimmung (S. 66). Ferner sei auf Ionenaustauschersäulen hingewiesen, die einfach und billig „komplexometrisch einwandfreies" Wasser liefern.

Vor der Bereitung von Lösungen, die bei der komplexometrischen Analyse Anwendung finden sollen, ist es unerläßlich, das dest. Wasser zu prüfen.

Prüfung des destillierten Wassers

Reagenzien:

Salzsäure, conc.

Ammoniak, conc.

Magnesium-ÄDTA (S. 121).

Erio-T-Natriumchlorid-Gemisch (S. 118).

ÄDTA-Lösung: Löse 0,1 g Dinatriumäthylendiamintetraacetatdihydrat in etwa 300 ml dest. Wasser. Es ist wohl kaum anzunehmen, daß die Verunreinigung des dest. Wassers mit Metallionen so stark ist, daß diese Menge an ÄDTA nicht ausreicht.

Durchführung:

Gib in einen Titrierkolben 5—10 ml dest. Wasser, einen Tropfen conc. Salzsäure, drei Tropfen conc. Ammoniak, eine Spatelspitze Magnesium-ÄDTA, eine Spatelspitze Erio-T-Natriumchlorid-Gemisch und bringe die meist violette Lösung auf rein Blau durch tropfenweisen Zusatz der ÄDTA-Lösung. Setze nun etwa 50 ml dest. Wasser zu: Die Lösung darf keine Änderung der leuchtend blauen Farbe (keinen Rotstich) zeigen.

Sollte die nach Zusatz von Erio-T-Kochsalz-Gemisch auftretende Violettfärbung auf Zugabe von ÄDTA-Lösung überhaupt nicht nach rein Blau umschlagen, so enthält das dest. Wasser Kupfer oder andere Metalle, die mit Erio T sehr feste Komplexe geben. In diesem Falle muß man der Lösung vor Zusatz von Erio T eine kleine Menge an Kaliumcyanid und Ascorbinsäure zugeben. Man verfährt dabei wie folgt:

Gib in einen Titrierkolben 5—10 ml dest. Wasser, einen Tropfen conc. Salzsäure, einen Tropfen conc. Ammoniak, eine Spatelspitze Kaliumcyanid, einige Kriställchen Ascorbinsäure, eine Spatelspitze Magnesium-ÄDTA und eine Spatelspitze Erio-T-Kochsalz-Gemisch.

Tritt eine rein blaue Farbe auf, so hat weder das dest. Wasser noch eines der Reagenzien nachweisbare Mengen an Erdalkalien enthalten. Trat ein violetter Stich auf, so bringt man die Lösung durch Zusatz von wenigen Tropfen ÄDTA-Lösung auf rein Blau. Die rein blau gefärbte Lösung darf auf Zusatz von etwa 50 ml dest. Wasser keinen Rotstich bekommen.

Wurden auf diese Art im dest. Wasser auch nur Spuren von Metallen gefunden, so darf das Wasser in der Komplexometrie nicht verwendet werden. Es ist am zweckmäßigsten, wenn man es einer neuerlichen Destillation, z. B. im Apparat nach Parnaß-Wagner (S. 66), unterwirft und das so gewonnene, doppelt dest. Wasser wieder prüft.

Das jeweils bezogene oder selbst hergestellte dest. Wasser soll laufend, besonders aber vor der Bereitung frischer Lösungen kontrolliert werden. Für den Fall, daß alle notwendigen Reagenzien vorhanden sind, sei hier die Vorschrift zur Kontrolle des dest. Wassers gegeben.

Kontrolle des destillierten Wassers

Reagenzien:

Salzsäure, 1 *n* (S. 123).

Ammoniak, 3 *n* (S. 116).

Magnesium-ÄDTA (S. 121).

Erio-T-Natriumchlorid-Gemisch (S. 118).

ÄDTA-Maßlösung (S. 17).

Durchführung:

Pipettiere in einen Titrierkolben 1 ml 1-*n*-Salzsäure, 2 ml 3-*n*-Ammoniak, zwei Tropfen Magnesium-ÄDTA und eine Spatelspitze Erio-T-Natriumchlorid-Gemisch. Titriere mit wenigen Tropfen ÄDTA-Maßlösung den Blindwert und setze zur rein blauen Lösung etwa 50 ml des zu prüfenden dest. Wassers zu. Es darf kein Rotstich auftreten. Kommt es bei der Titration des Blindwertes zu keinem Umschlag nach rein Blau, so sind Spuren von Kupfer oder anderen Metallen in den Reagenzien (siehe oben!).

Es soll noch darauf hingewiesen werden, daß man beim Bezug von gelösten Reagenzien, auch wenn sie als analysenrein bezeichnet sind, damit rechnen muß, daß sie Spuren von störenden Metallen enthalten. Dies gilt insbesondere für das Ammoniak und die Natronlauge. Wenn sie auch rein dargestellt werden, so können sie im Laufe der Zeit aus der Glasflasche Spuren von Erdalkalimetallen herauslösen. Die Prüfung auf Reinheit erfolgt in der beim dest. Wasser beschriebenen Art.

Analysenfehler und Angabe von Resultaten

Wiederholt man ein und dieselbe Bestimmung unter virtuell völlig gleichen Bedingungen, so werden die einzelnen Resultate stets um mehr oder weniger große Beträge voneinander abweichen. Bei der Titration von jeweils 5,00 ml einer Magnesiumlösung mit ÄDTA gleicher Stärke wird man etwa folgende Verbrauche erhalten: 5,03, 4,98, 4,99, 5,00 ml. Der Mittelwert oder das Mittel der Bestimmung (wie bekannt berechnet als die Summe der Einzelwerte dividiert durch die Anzahl der Bestimmungen) ist dann in unserem Falle 5,00 ml und zuverlässiger als jeweils eine Einzelbestimmung.

Die Abweichungen sind leicht erklärlich: die Feststellung des Endpunktes birgt eine gewisse Unsicherheit in sich; die letzte Dezimale wird an der Bürette nicht abgelesen, sondern nur geschätzt; in der Einstellung des Meniskus an der Pipette beim Vorlegen von 5,00 ml Magnesiumlösung wird ebenfalls eine kleine Unsicherheit liegen usw. Alle diese Abweichungen sind rein zufällig und mögen durch besonders genaues Arbeiten verkleinert werden, sind jedoch, und das ist das Wesentliche, niemals völlig auszuschalten. Diese *„zufälligen" Fehler* sind dadurch ausgezeichnet, daß sie sowohl in positivem als auch in negativem Sinne um einen Mittelwert schwanken. Bei genügend Wiederholungen ein und desselben Experimentes werden aller Wahrscheinlichkeit nach Anzahl und Betrag der positiven und negativen Abweichungen gleich sein. Wie groß die Schwankungen sind, d. h. wie gut die Resultate reproduzierbar sind, ist *ein* Maß für die Güte der Bestimmung, aber auch für die Zuverlässigkeit des Experimentators. Ein anderer Analytiker könnte z. B. im obigen Falle folgende Daten liefern: 5,15, 5,00, 4,95, 4,85, 5,05 ml. Wenngleich auch hier der Mittelwert 5,00 ml beträgt, werden wir einer Einzelbestimmung des ersten Analytikers mehr Vertrauen schenken als der des zweiten. Wir können die Schwankung dadurch ausdrücken, daß wir in den beiden Fällen folgendes schreiben: 5,00 $\pm$ 0,03 ml und 5,00 $\pm$ 0,15 ml. Die *„Reproduzierbarkeit"* allein ist jedoch nicht ausreichend, um die Güte der Analyse zu beurteilen. Wir benötigen noch ein zweites Kriterium, die *„Genauigkeit"*.

Die oftmalige Wiederholung eines Experiments und gute Übereinstimmung der erhaltenen Einzelwerte mit dem Mittel ist noch bei weitem keine Gewähr dafür, daß das reproduzierbare Resultat auch richtig ist, d. h. mit dem wahren Wert übereinstimmt. Es kann z. B. die Pipette ungenau, die Maßlösung falsch sein, der Puffer einen Blindwert haben, der Endpunkt zu spät erscheinen,

beim Rechnen das falsche Gewicht eingesetzt werden usw. Jede
dieser Abweichungen wird stets nur positiv oder nur negativ sein
und keineswegs um den wahren Wert streuen. Sie werden als
„*systematische*" Fehler bezeichnet. Kennt man ihre Ursache, so
kann man sie entweder ausschalten (falscher Titer, schlechte
Eichung des Gerätes usw.) oder aber durch eine entsprechende
Korrektur in Rechnung stellen (unvermeidlicher Blindwert).

Wenn der „wahre" Wert durch Einwaage oder Verwendung
von Testlösungen bekannt ist, so kann die Genauigkeit leicht ermittelt werden. Ist dies nicht der Fall, so kann man einen syste-
matischen Fehler nur durch Vergleich der Resultate mit den
nach einer anderen Methode erhaltenen oder durch Ausführung
der Bestimmung unter geänderten Bedingungen feststellen. In den
folgenden Ausführungen sei jedoch das Vorkommen systematischer
Fehler ausgeschlossen.

Es wird im allgemeinen schwer sein, eine Titration bei Verwendung der üblichen Büretten genauer als auf etwa $\pm 0,03$ ml
(d. h. auf einen Tropfen) durchzuführen. Das bedeutet für die
Berechnung einer Analyse, bei der 1,00 ml verbraucht wurde, daß,
von allen anderen Umständen abgesehen, das Resultat aus diesem
Grunde allein um 3% unsicher ist. Wurde eine größere Menge
desselben Materials titriert und z. B. 10,00 ml verbraucht, so
liegt unter gleichen Voraussetzungen das Resultat innerhalb einer
Grenze von $\pm 0,3\%$. Dies gilt selbstverständlich nur, wenn eine
Einzelbestimmung und nicht das Mittel aus mehreren Bestimmungen vorliegt.

Beziehen sich die Titrationen in obigen Beispielen auf eine
Calciumbestimmung, so wird man das Resultat im ersten Falle
mit $9,5 \pm 0,3$ mg% Ca, im zweiten jedoch mit $9,50 \pm 0,03$ mg%
Ca angeben können. Die sich aus der Berechnung etwa ergebende
Angabe des Resultats im ersten Falle mit 9,521 mg% ist nicht
statthaft. Wir wissen ja auf Grund des Verbrauches an Maßlösung,
daß das Resultat bestenfalls auf 3% genau ist, daß also die 5
hinter dem Dezimalpunkt unsicher ist und um 3 im positiven
oder negativen Sinne schwanken kann. Das Resultat liegt mit
aller Wahrscheinlichkeit zwischen 9,2 und 9,8 mg% (es sei denn,
die betreffende Analyse ist eine der gefürchteten „Ausreißer").
Die Angabe der zwei weiteren Dezimalen ist nicht nur zwecklos,
sondern sogar falsch und irreführend, denn das Resultat täuscht
in dieser Form eine Genauigkeit vor, die gar nicht vorhanden ist.
*Man gibt ein Resultat mit so vielen Zahlen an, daß die vorletzte
Stelle sicher, die letzte unsicher ist.* Im zweiten Beispiel (d. h. beim
Verbrauch von 10 ml) könnte man daher vollkommen korrekt

9,52 mg% schreiben. Es soll jedoch bedacht werden, daß z. B. in der Angabe 0,00952 g% die Nullen keine „signifikanten" Zahlen darstellen, sondern nur den Stellenwert ausdrücken.

Überlegungen, wie viele Stellen ein Resultat bringen soll, sind äußerst wichtig. Man bedenke, daß unter Einbeziehung aller zufälligen Fehlermöglichkeiten vom Anbeginn der Herstellung der Lösung bis zum Abschluß einer Titration die Genauigkeit einer Einzelbestimmung selten höher als 1%, bestenfalls 0,5% sein wird. Aus solchen Erwägungen heraus soll man ein Resultat höchstens mit drei signifikanten Zahlen angeben. Eine weitere Stelle soll nur dann aufscheinen, wenn man das Mittel von zwei gut übereinstimmenden oder noch besser von drei oder mehr Bestimmungen angeben kann. Gegen diesen Grundsatz wird leider viel zu oft in gröbster Weise verstoßen.

Für Resultate von klinischen Analysen zu diagnostischen Zwecken sind drei Stellen stets ausreichend. Man beachte jedoch, daß es besser ist, statt 9,56 den Wert 9,6 mg% anzugeben: 9 liegt so nahe bei 10, daß die Genauigkeit von 1% bereits eine Unsicherheit in der ersten Dezimale bedeutet.

Es ist selbstverständlich, daß man unter gewissen Bedingungen von dieser Regel abweichen kann. Der Analytiker soll jedoch in die Grundlagen einer Methode so weit eindringen, daß er imstande ist, Fehler abzuschätzen und diese Überlegungen so zu verwerten, daß er für die Dezimalen, die er im Resultat angibt, mit genügender Sicherheit bürgen kann.

Spezieller Teil

Acidität des Magensaftes

Bei der Titration des Magensaftes handelt es sich um die Aufgabe, eine starke Säure neben schwachen Säuren und die Summe aller vorhandenen Säuren zu erfassen. Die Salzsäure läßt sich gegen alle Indikatoren titrieren, die zwischen einem p_H-Wert von etwa 4 und 10 umschlagen (S. 8). Zur Titration von schwachen Säuren darf man jedoch nur Indikatoren verwenden, die bei p_H 8—10 umschlagen (S. 9). Aus diesem Grunde wird die freie Salzsäure des Magensaftes gegen Dimethylgelb (Dimethylaminoazobenzol) und die Gesamtacidität gegen Phenolphthalein als Indikator titriert.

Da der gewonnene Magensaft (besser gesagt Mageninhalt) meist sehr schleimig ist, ist die Titration von unfiltriertem Saft praktisch nicht möglich. Das Filtrieren ist meist mit Schwierigkeiten verbunden und das Zentrifugieren fast immer zwecklos. Es gibt trotz vieler Vorschläge noch keine zuverlässige Methode, die es gestattet, den Mageninhalt von störendem Schleim zu befreien. Am zweckmäßigsten ist es, zu versuchen, mindestens 1,00 ml eines klaren Filtrates zu gewinnen. Wenn man aus einer Bürette titriert, die auf 0,02 ml eingeteilt ist, so hat man etwa die gleiche Genauigkeit wie bei der Titration von 10 ml Magensaft aus einer Bürette, die nur auf 0,1 ml eingeteilt ist.

Prinzip:

Die freie Salzsäure wird gegen Dimethylgelb und die Gesamtacidität gegen Phenolphthalein mit 0,1-n-Natronlauge titriert.

Reagenzien:

Dimethylgelblösung (S. 118).
Phenolphthaleinlösung (S. 123).
Natronlauge-Maßlösung, 0,1 n (S. 18).

Durchführung:

1. Pipettiere in ein Titrierkölbchen je nach der zur Verfügung stehenden Menge 1,00—5,00 ml klaren, filtrierten Magensaft und setze je 1 Tropfen Dimethylgelb- und Phenolphthaleinlösung zu.

2. Titriere aus einer 10 ml fassenden, auf 0,02 ml eingeteilten Bürette mit 0,1-*n*-Natronlauge bis zum Umschlag von Rot auf Orange. Notiere den Verbrauch unter „freie Acidität".

3. Titriere weiter, bis die sich zunächst gelb färbende Lösung wieder einen schwachen Rotstich zeigt. Notiere den Verbrauch unter „Gesamtacidität".

Berechnung:

ml Natronlauge gegen Dimethylgelb $\times n_{\mathrm{NaOH}} \times f =$ freie Acidität

ml Natronlauge gegen Phenolphthalein $\times n_{\mathrm{NaOH}} \times f =$ Gesamtacidität

$$f = \frac{1000}{\text{ml Magensaft}}$$

Beachte die Titer der Natronlauge (S. 18).

Bemerkungen:

Zu 1.: Färbt sich der Magensaft auf Zusatz von Dimethylgelb nicht rot, sondern orange, so ist keine titrierbare Menge an freier Salzsäure im Magensaft enthalten. In diesem Falle prüft man qualitativ am besten mit GÜNSBURGS Reagenz, ob freie Salzsäure im Magensaft enthalten ist. Die Orangefärbung des Dimethylgelb kann auch durch organische Säuren hervorgerufen werden.

Färbt sich der Magensaft auf Zusatz von Dimethylgelb gelb, so ist in ihm sicher keine freie Salzsäure enthalten. In diesen Fällen ist es manchmal üblich, das *Salzsäuredefizit* zu bestimmen. Zu diesem Zweck titriert man mit einer 0,100-*n*-Salzsäure den mit 1 Tropfen Dimethylgelb versetzten Magensaft bis zum Umschlag von Gelb nach Orange. Der Verbrauch, umgerechnet auf 100 ml Magensaft, ist das Säuredefizit. Zur Berechnung wird der gleiche Faktor benützt wie der, welcher zur Berechnung der Acidität dient.

Zur Berechnung: Die freie Salzsäure des Magensaftes könnte man auch in Gramm Salzsäure pro 100 ml Mageninhalt ausdrücken. Die Gesamtacidität läßt sich nicht in Gramm Säure ausdrücken, da es sich um ein Gemisch von Säuren handelt, die verschiedene Äquivalentgewichte haben. Dazu kommt noch der Umstand, daß mit der Gesamtacidität auch jene Salzsäure erfaßt wird, die an Eiweiß oder Eiweißspaltprodukte gebunden ist (gebundene Acidität). Aus diesen Gründen wird der Säuregehalt in Acidität ausgedrückt. Unter Acidität versteht man dabei die ml 0,100-*n*-Natronlauge, die zur Titration gegen Dimethylgelb (freie Acidität) bzw. gegen Phenolphthalein (Gesamtacidität) für 100 ml Magensaft verbraucht werden.

Da die Natronlauge, wie bereits ausgeführt, immer Carbonat enthält und von vornherein nicht faktorfrei bereitet wurde, müssen zwei Titer, nämlich gegen Dimethylgelb und gegen Phenolphthalein, berücksichtigt werden.

Alkalireserve

Die maßanalytische Bestimmung der Alkalireserve, d. h. des Bicarbonats des Serums oder Plasmas ist bedeutend einfacher und rascher durchführbar als die gasvolumetrische oder manometrische. Man benötigt dabei keinerlei besondere Apparate, und es erübrigt sich das Sättigen des Plasmas mit Kohlendioxyd. Die Schwierigkeit der Erkennung des Endpunktes wird so überwunden, daß bis zu einer Vergleichsfarbe titriert wird.

Prinzip:

Zum Plasma oder Serum setzt man eine bekannte Menge an Säure zu und titriert nach Vertreiben der Kohlensäure den Überschuß an Säure zurück. Die Differenz entspricht der Säuremenge, die durch das Bicarbonat gebunden wurde.

Reagenzien:

Paraffinöl (S. 123).
Dest. Wasser, frisch aufgekocht und abgekühlt.
Phenolrotlösung (S. 123).
Salzsäure, 0,05 n (S. 20).
Natronlauge, 0,02 n (S. 19).

Durchführung:

1. Gib etwa 5 ml Blut sofort nach der Entnahme in ein Zentrifugenglas, das etwa 0,5 ml Paraffinöl enthält.
Oder: Entnimm mit einer Spritze, die innen mit wenig konzentrierter Heparinlösung befeuchtet ist, Blut, und gib es in ein Zentrifugenglas, das etwa 0,5 ml Paraffinöl enthält.
2. Zentrifugiere sofort 10 min bei etwa 1500 U/min und pipettiere das Plasma (Serum) in ein Reagenzglas. Wird die Bestimmung nicht sofort durchgeführt, so überschichte das Plasma (Serum) mit Paraffinöl.
3. Bereite die Vergleichslösung in einer Hagedorn-Eprouvette durch Mischen von 1 ml Plasma (Serum), 2,5 ml dest. Wasser (siehe oben!) und 1 Tropfen Phenolrotlösung.
4. Pipettiere in eine zweite Hagedorn-Eprouvette 1,00 ml Plasma (Serum) und 1,00 ml Salzsäure, setze 1 Tropfen Phenolrotlösung zu und schüttle das Röhrchen lebhaft 3 min, um das Kohlendioxyd zu vertreiben.

5. Titriere mit 0,02-*n*-Natronlauge bis zum Umschlag von Gelb
auf den rosaroten Farbton der Vergleichslösung.

6. Versetze 1,00 ml Salzsäure mit etwa 2 ml dest. Wasser (siehe
oben!) und 1 Tropfen Phenolrotlösung und titriere mit 0,02-*n*-
Natronlauge bis zum Umschlag von Gelb auf Rosarot.

Berechnung:

$$(\text{ml NaOH für Salzsäure} - \text{ml NaOH für Probe}) \times n_{\text{NaOH}} \times 1000 =$$
$$= \text{mval Bicarbonat}$$

$$(\text{ml NaOH für Salzsäure} - \text{ml NaOH für Probe}) \times n_{\text{NaOH}} \times 2240 =$$
$$= \text{Vol}\,\%$$

Bemerkungen:

Zu 1.: Wenn man in der Lage ist, das Blut unmittelbar nach der
Entnahme zu zentrifugieren, ist es einfacher, das Blut während
des Zentrifugierens gerinnen zu lassen und die Bestimmung im
Serum sofort durchzuführen. Muß das Blut oder das Plasma bzw.
Serum längere Zeit stehen, so soll es mit Paraffinöl überschichtet
werden.

Zu 3.: Man muß besonders darauf achten, daß das Serum oder
Plasma, das zum Ansetzen der Vergleichslösung dient, frisch ist.
Es genügt bei rascher Arbeitsweise eine Vergleichslösung für
mehrere Bestimmungen, wenn das Serum keine abnorme Farbe
hat.

Zu 4.: Statt der vorgeschlagenen Bestimmung durch Tropfen-
zählen empfehlen wir die einfachere Titration aus der Bürette,
die sicher auch genauer ist.

Zur Berechnung: Die Salzsäure braucht nur annähernd 0,05 *n*
sein, da der Leerwert bestimmt wird. Es ist jedoch sehr vorteilhaft, wenn die Säure genau 0,0500 *n* ist, da man mit ihrer Hilfe
den Titer der Natronlauge stellen kann. Die Berechnung erfolgt
dann nach der Formel

$$(0,05 - \text{ml NaOH für die Probe} \times n_{\text{NaOH}}) \times 1000 = \text{mval Bicarbonat}.$$

Die Normalität der Natronlauge berechnet man, wenn 1,00 ml
Salzsäure titriert wurde, nach der Formel:

$$\frac{n_{\text{HCl}}}{\text{ml NaOH}} = n_{\text{NaOH}}$$

Der Faktor 1000 ergibt sich aus der Umrechnung von 1 ml auf
1 Liter Serum. Der Faktor 2240 ergibt sich aus dem Molvolumen
(22,4) und der Umrechnung von 1 ml auf 100 ml Serum.

Literatur

LESTRADET, H., Press. med. **59**, 1704 (1951). (Modifiziert.)

Ammoniak im Harn

Während der Ammoniakgehalt des Blutes auch unter pathologischen Bedingungen äußerst gering ist, ist die im normalen Harn vorkommende Menge an Ammoniak so groß, daß sie nach Überdestillieren des Ammoniaks acidimetrisch bestimmt werden kann. Da der Harn jedoch große Mengen an Harnstoff enthält, aus dem bei alkalischer Reaktion in der Wärme durch Hydrolyse Ammoniak entsteht, muß man Bedingungen wählen, unter denen die Hydrolyse praktisch ausgeschlossen ist. Dies geschieht entweder so, daß man den Ammoniak aus einer Carbonatlösung bei Zimmertemperatur in einer Conway-Kammer diffundieren läßt oder das Ammonium im Harn mit Formaldehyd umsetzt und die entstandenen Wasserstoffionen titriert. Bei der Reaktion mit Formaldehyd entsteht für jedes Ammoniumion ein Wasserstoffion. Dieses Verfahren ist zwar sehr rasch, jedoch nicht sehr genau, da Aminosäuren mit erfaßt werden. Selbstverständlich darf kein Eiweiß im Harn sein.

Bestimmung in der Conway-Kammer

Prinzip:

Man läßt den Ammoniak aus einem carbonatalkalischen Harn in eine Borsäurelösung diffundieren, wo er dann mit Salzsäure titriert wird.

Conway-*Kammer* (Abb. 6).

Die Conway-Kammer ist ein Gefäß von der Form einer Petrischale mit eingeschliffenem Deckel. Konzentrisch ist eine kleinere Schale eingeschmolzen, so daß man einen kleineren inneren und einen größeren äußeren (ringförmigen) Raum hat (siehe Abb. 6). Bringt man nun in den äußeren Raum eine Flüssigkeit, die ein Gas mit relativ hohem Dampfdruck enthält, und in den inneren Raum eine Flüssigkeit, die dieses Gas absorbiert, so diffundiert

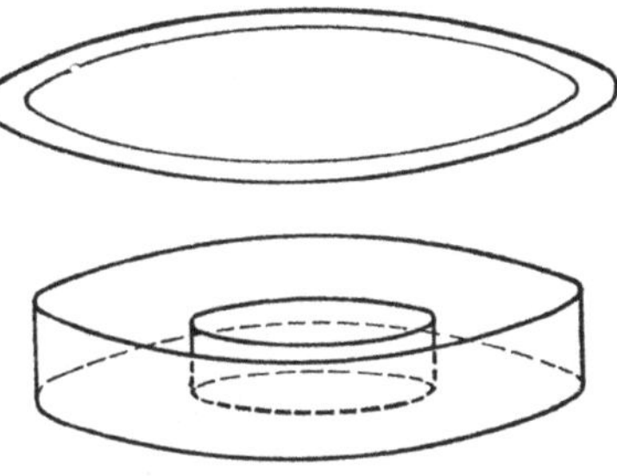

Abb. 6. Conway-Kammer

das Gas vom äußeren Raum in den inneren, ohne daß die Anwendung erhöhter Temperatur notwendig ist.

Reagenzien:

Kaliumcarbonatlösung, gesättigt (S. 119).
Borsäurelösung, 2%ig (S. 117).
Methylrotlösung (S. 122).
Methylenblaulösung (S. 122).
Salzsäure, 0,0100 n (S. 19).

Durchführung:

1. Pipettiere in den inneren Raum der Conway-Kammer 2 ml Borsäurelösung.
2. Pipettiere in den äußeren Raum der Kammer 0,20 ml Harn und 1 ml Carbonatlösung so, daß sich die beiden Lösungen nicht berühren, verschließe die Kammer und mische jetzt den Harn mit der Carbonatlösung.
3. Lasse die verschlossene Kammer mindestens 1 Stunde stehen, öffne sie und titriere die Lösung im inneren Raum nach Zusatz von 2 Tropfen Methylrot und 1 Tropfen Methylenblau mit 0,01-n-Salzsäure auf Stahlblau.

Berechnung:

ml Salzsäure $\times$ 85 = mg% Ammoniak

Bemerkungen:

Zu 1. bis 3.: Siehe unter Harnstoffbestimmung S. 76.
Zur Berechnung: Der Faktor (85) berechnet sich aus der Normalität der Salzsäure (0,01), dem Äquivalentgewicht des Ammoniaks (17) und dem pipettierten Harnvolumen (0,20) wie folgt:

$$\frac{0,01 \times 17 \times 100}{0,20} = 85$$

Für eine beliebige Normalität der Salzsäure und ein beliebiges Harnvolumen lautet die Formal also:

$$\frac{\text{ml Salzsäure} \times \text{Normalität der Salzsäure} \times 17 \times 100}{\text{ml Harn}} = \text{mg% Ammoniak}$$

Literatur

CONWAY, E. J. und E. O'MALLEY, Biochem. J. **36**, 655 (1942) (Modifiziert).

Direkte Titration im Harn

Prinzip:

Der Harn wird mit Formaldehyd versetzt; dieser reagiert mit Ammoniumionen unter Bildung von Hexamethylentetramin und Wasserstoffionen. Die Wasserstoffionen werden mit Natronlauge titriert.

$$4NH_4^+ + 6CH_2O = 4H^+ + (CH_2)_6N_4 + 6H_2O$$

Reagenzien:
Formaldehyd, 30—40%ig (S. 119).
Phenolphthaleinlösung (S. 123).
Natronlauge, 0,1 n (S. 18).

Durchführung:
1. Pipettiere in ein Titrierkölbchen 10,0 ml Harn, versetze mit 1 Tropfen Phenolphthalein und füge aus einer Bürette tropfenweise 0,1-n-Natronlauge bis zum ersten Rotstich zu.
2. Gib in ein zweites Kölbchen 2—5 ml Formaldehydlösung und 1 Tropfen Phenolphthalein und bringe auch diese Lösung mit der 0,1-n-Natronlauge auf schwach Rosa.
3. Gieße die Formaldehydlösung in den neutralisierten Harn und titriere mit der 0,1-n-Natronlauge auf den ersten Rotstich.

Berechnung:
ml Natronlauge $\times n_{\text{NaOH}} \times 170 = \text{mg}\%$ Ammoniak; oder
ml Natronlauge $\times F_{\text{NaOH}} \times 17 = \text{mg}\%$ Ammoniak

(Siehe Bemerkungen!)

Bemerkungen:
Zu 1.: Der Harn muß unbedingt frei von Eiweiß sein, da die Eiweißkörper ebenfalls mit Formaldehyd reagieren. Am zweckmäßigsten entfernt man das Eiweiß durch kurzes Aufkochen des schwach sauren Harnes, rasche Abkühlung und Filtration.

Die Erkennung des ersten Rotstiches bei der Titration unterliegt individuellen Schwankungen. Durch die puffernde Wirkung des Harnes tritt die rote Farbe nur langsam auf und verstärkt sich sehr langsam. Der Verbrauch an 0,1-n-Natronlauge bei dieser Titration des Harnes gegen Phenolphthalein wurde früher zur Berechnung der titrierbaren Acidität des Harnes verwendet.

Zu 2.: Der Formaldehyd ist immer sauer, so daß er vorher unbedingt gegen Phenolphthalein neutralisiert werden muß.

Zur Berechnung: In die Berechnung setzt man nur jenen Verbrauch an Natronlauge ein, welcher zur Titration der nach dem Mischen von Formaldehyd mit Harn freigesetzten Wasserstoffionen notwendig ist, also nur der Verbrauch nach Punkt 3 der Arbeitsvorschrift.

Literatur

MALFATTI, H., Z. analyt. Chem. **47**, 274 (1908).

Ascorbinsäure im Harn

Die Bestimmung der Ascorbinsäure beruht auf ihrer reduzierenden Wirkung und soll im Harn nur dann durchgeführt werden, wenn die Zufuhr einer großen Dosis Vitamin C vorausgegangen ist. Der normale Harn enthält nämlich auch andere reduzierende Substanzen, die jedoch bei einer Überdosierung von Vitamin C nicht ins Gewicht fallen.

Prinzip:

Die Ascorbinsäure wird mit einer wässerigen Lösung von 2,6-Dichlorphenol-indophenol-natrium bis zum Auftreten einer bleibenden Rotfärbung titriert.

Reagenzien:

Dichlorphenol-indophenol-Maßlösung (S. 118).
Essigsäure, conc. (S. 119).

Durchführung:

1. Pipettiere 2,00 ml frischen Harn in ein Kölbchen und versetze mit 0,2 ml Essigsäure.

2. Titriere mit der Dichlorphenol-indophenol-Maßlösung bis zum Auftreten einer bleibenden Rotfärbung.

Berechnung:

ml Maßlösung = mg% Ascorbinsäure

Bemerkungen:

Zu 1.: Der Harn muß frisch sein, da die Ascorbinsäure sehr rasch oxydiert wird und dann auf diese Art nicht mehr erfaßt werden kann. Wird der Tagesharn gesammelt, um darin eine Bestimmung durchzuführen, so gibt man Metaphosphorsäure zu (etwa 2 g pro 100 ml Harn). Diese stabilisiert das Vitamin C.

Zu 2.: Hat man Schwierigkeiten bei der Erkennung des Endpunktes, so nehme man als Vergleichslösung 2 ml Harn, die mit 0,2 ml Essigsäure angesäuert wurden. Man titriert nun die Probe, bis ein deutlicher Farbunterschied gegenüber der Vergleichslösung auftritt.

Zur Berechnung: 1 ml Maßlösung entspricht 0,02 mg Ascorbinsäure.

Aus der Umrechnung von 2 ml auf 100 ml ergibt sich:

$$0{,}02 \times \frac{100}{2} = 1.$$

Die Bestimmung kann auch in der Art durchgeführt werden, daß man 5 ml der Maßlösung vorlegt und aus einer 10 ml fassenden Bürette den mit wenig Essigsäure angesäuerten Harn zufließen läßt, bis die Maßlösung gerade entfärbt ist. Es soll rasch titriert werden.

In diesem Falle berechnet man die Ascorbinsäure nach der Formel: $\dfrac{10}{\text{ml Harn}} = $ mg Ascorbinsäure in 100 ml Harn. Diese Formel ergibt sich daraus, daß 0,1 mg Ascorbinsäure (entspricht der vorgelegten Menge an Maßlösung) in der titrierten Harnmenge enthalten sind und auf 100 ml Harn umgerechnet wird; also

$$\frac{0,1 \times 100}{\text{ml Harn}}.$$

Calcium

Calcium ist hauptsächlich in der Blutflüssigkeit enthalten, während die Blutkörperchen einen sehr geringen Calciumgehalt haben. Man soll es nach Möglichkeit vermeiden, die Bestimmung in einem hämolytischen Serum durchzuführen, da man das Ausmaß des Flüssigkeitsaustausches nicht beurteilen kann.

Das Serumcalcium liegt teilweise *ionisiert*, zum größeren Teil aber in *komplexer Bindung* vor. Wenn man das Serum dialysiert oder *ultrafiltriert*, so geht nur ein Teil des Calciums durch die Membran. Dieses dialysierbare Calcium umfaßt das gesamte ionisierte Calcium und einen Teil des komplex gebundenen. Der größere Teil des komplex gebundenen Calciums bleibt am Eiweiß gebunden und diffundiert daher nicht durch die Membran. Die Menge des an Eiweiß gebundenen Calciums hängt selbstverständlich auch vom Eiweißgehalt des Serums ab.

Durch Bestimmung des dialysierbaren Calciums erfaßt man das in Ionenform vorliegende Calcium sowie jenes, das komplex an niedermolekulare organische Verbindungen gebunden ist. Das ionisierte Calcium für sich läßt sich weder durch Titration, noch durch Fällung, noch durch Bindung an Farbstoffe bestimmen, da alle Reaktionen, bei denen Calciumionen gebunden werden, einen Eingriff in die vorliegenden Gleichgewichte bedeuten. Vermindert man den Gehalt an freiem Calcium, so wird es dem Gleichgewicht entsprechend aus komplexer Bindung wieder nachgeliefert.

Versetzt man also Serum mit einer Oxalatlösung, so wird zunächst das in Ionenform vorliegende Calcium gefällt. Sofort wird aus der komplexen Bindung Calcium frei und fällt mit Oxalat aus.

Diese Reaktion geht so lange vor sich, bis der größere Teil des Calciums gefällt wurde. Ein Teil des Serumcalciums ist jedoch so stark an Eiweiß gebunden, daß es diesem in neutralem Medium durch Oxalat nicht entrissen werden kann.

Durch Zusatz von Ammonium- oder Natriumoxalat zum Serum läßt sich also nur ein Teil des Calciums fällen und bestimmen. Man kann diesen Betrag an Calcium als das „oxalatfällbare Calcium" des Serums bezeichnen. Der tatsächliche Calciumgehalt liegt um etwa 0,5—3 mg% höher. Trotzdem war durch Jahrzehnte und ist vielfach noch heute die direkte Fällung des Calciums aus nativem Serum üblich.

Will man den Gesamt-Calciumgehalt des Serums bestimmen, so muß man das Eiweiß bei stark saurer Reaktion entfernen oder das Serum veraschen und so die starken Komplexbildner beseitigen. Das Veraschen ist für einen Routinebetrieb zu umständlich. Durch Enteiweißung mit Trichloressigsäure kann man die Veraschung ersetzen, da aus der enteiweißten Lösung das Calcium — nach Neutralisation — durch Oxalat quantitativ fällbar ist. In dieser Lösung läßt sich aber das Calcium auch direkt komplexometrisch bestimmen.

Prinzipiell bestehen also zwei Möglichkeiten der Calciumbestimmung im Serum: 1. Fällung des Calciums als Oxalat im nativen (S. 51) oder enteiweißten (S. 94) Serum und Titration im aufgelösten Niederschlag. 2. Direkte Titration des Calciums im nativen (S. 54) oder enteiweißten Serum.

Welche Methode man wählen wird, hängt von den Erfordernissen ab. Will man sich nur rasch über den Calciumspiegel orientieren, ohne besondere Genauigkeit zu erwarten, so kann man das Calcium direkt im Serum titrieren. Die Ungenauigkeit ergibt sich aus dem schlecht erkennbaren Endpunkt, hervorgerufen durch das Eiweiß, welches sowohl den Indikator adsorbiert, als auch Calcium bindet. Soll eine besonders hohe Genauigkeit erzielt werden und legt man Wert darauf, den tatsächlichen Calciumspiegel auf mindestens 0,2 mg% genau zu bestimmen, so wird man das Serum enteiweißen, in der so gewonnenen Lösung das Calcium fällen und es nach Auflösen des gewonnenen Niederschlages titrieren. Diesen Weg kann man übrigens auch dann beschreiten, wenn man schon zur Bestimmung von Kalium, Natrium oder Chlorid das Serum enteiweißt hat, so daß keine zusätzliche Arbeit notwendig ist.

Handelt es sich jedoch um die tägliche Routineanalyse, so benützt man die bisher übliche Methode der Fällung des Calciums durch Oxalat aus nativem Serum. Die meisten Diagnostiker tragen — bewußt oder unbewußt — dem Umstand Rechnung, daß der so gefundene normale Calciumspiegel tiefer liegt als der tatsächliche. Die Werte sind auf alle Fälle gut reproduzierbar, die Endpunktserkennung ausreichend scharf. Aus diesem Grunde soll auch die letztgenannte Methode als die Routinemethode zunächst beschrieben werden.

Bestimmung des oxalatfällbaren Calciums im Serum

Prinzip:

Das Calcium wird aus dem nativen Serum durch Oxalat gefällt, der Niederschlag abzentrifugiert, in Säure gelöst und das Calcium komplexometrisch bestimmt.

Reagenzien:

Ammoniumoxalatlösung (S. 116).
Salzsäure, 1 n (S. 123).
Ammoniak, 3 n (S. 116).
Magnesium-ÄDTA-Lösung (S. 121).
Eriochromschwarz-T-Natriumchlorid-Gemisch (S. 118).
ÄDTA-Maßlösung, 0,00100 m (S. 17).

Durchführung:

1. Pipettiere in ein 10—15 ml fassendes Zentrifugenglas (Abb. 5 c bzw. b) 1,00 ml Serum, 1 ml Oxalatlösung, rühre mit einem Glasstab um und lasse, mit dem Glasstab im Zentrifugenglas, 1 Stunde stehen.
2. Fülle das Zentrifugenglas mit reinstem dest. Wasser weitgehend auf, rühre gut um, spüle den Glasstab ab und zentrifugiere 10 min bei mindestens 3000 U/min.
3. Dekantiere die überstehende Lösung und gib den dazugehörigen Glasstab in das Röhrchen.
4. Pipettiere 1 ml Salzsäure in das Zentrifugenglas, rühre gut um, benetze auch die Wand des Gefäßes mit der Säure und stelle auf einige Minuten in ein heißes Wasserbad.
5. Versetze mit 2 Tropfen Magnesium-ÄDTA-Lösung, 2 ml Ammoniak, einer Spatelspitze Erio-T-Natriumchlorid-Gemisch und titriere mit der ÄDTA-Maßlösung auf rein Blau.

Berechnung:

(ml 0,00100-m-ÄDTA-Maßlösung — Blindwert) $\times$ 2 = mval Calcium
(ml 0,00100-m-ÄDTA-Maßlösung — Blindwert) $\times$ 4 = mg% Ca

Bemerkungen:

Zu 1.: Durch die Verwendung einer 0,001-m-Maßlösung ist die Genauigkeit auch bei der Bestimmung aus 1 ml Serum noch sehr groß. Wenn es die Umstände verlangen, kann man in 0,5 ml Serum, ja sogar in noch kleineren Volumina die Bestimmung durchführen. Für den Routinebetrieb sollte man jedoch nicht weniger als 1 ml Serum verwenden, da im allgemeinen die Fehler mit dem Abnehmen der Serummenge ansteigen.

In dringenden Fällen kann man zur Oxalatfällung auch weniger als 1 Stunde stehen lassen. Es werden dadurch im allgemeinen keine allzu großen Unterwerte erhalten. Jedoch ist damit zu rechnen, daß man um 0,1—0,4 mg% Ca weniger findet. Auf keinen Fall ist es notwendig, 6 Stunden oder noch länger stehen zu lassen. Selbstverständlich entstehen durch längeres Stehen keine Fehler. Ob das früher vorgeschlagene Stehenlassen bei 37° C einen Vorteil bietet, erscheint fraglich.

Der Sinn des längeren Stehens liegt darin, daß man den Calciumoxalatkristallen Gelegenheit gibt, zu wachsen. Je höher die Tourenzahl der Zentrifuge ist, um so geringer wird die notwendige Stehzeit sein. Wenn immer vorgeschlagen wurde, daß man 3–6 Stunden stehen lassen soll, so wurde damit hauptsächlich den schwächeren Zentrifugen Rechnung getragen.

Zu 2.: Das Auffüllen des Zentrifugenglases mit Wasser bezweckt, die Lösung in bezug auf das im Serum gleichzeitig vorhandene Magnesium zu verdünnen. Wenn nun nach dem Zentrifugieren und Dekantieren über dem Niederschlag ein kleiner Rest von Flüssigkeit verbleibt, dann ist in diesem so wenig Magnesium enthalten, daß der dadurch entstandene Fehler vernachlässigt werden kann. Magnesium wird nämlich, wie im theoretischen Teil dargelegt, mit titriert und würde den Calciumwert erhöhen.

Der abgespülte Glasstab soll so aufbewahrt werden, daß er nicht verschmutzt und daß man später weiß, zu welcher Probe der Stab gehört. Am Stab haften oft Calciumoxalatkristalle, die mit erfaßt werden müssen.

Zu 4.: Grundbedingung für eine exakte Bestimmung ist das quantitative Auflösen des Niederschlages. Hier werden vom Ungeübten am häufigsten Fehler begangen. Der Niederschlag besteht nicht nur aus Calciumoxalat, sondern enthält auch mitgefälltes Eiweiß. Dieses Eiweiß wird durch das Zentrifugieren zusammengepreßt und schließt Oxalatniederschlag ein, der durch die 1-n-Salzsäure in der Kälte nur langsam herausgelöst wird. Eintauchen in heißes Wasser beschleunigt dies, ohne das Eiweiß vollständig aufzulösen. Dies ist auch nicht notwendig. Wir erwarten nur, daß das darin enthaltene Calcium quantitativ in Lösung geht und so der Titration nicht entgeht.

Folgender kleiner Kunstgriff hat sich im Routinebetrieb bewährt: Man zerreibt mit dem Glasstab den Niederschlag, bevor man die Säure zusetzt. Wenn einmal die Säure im Gefäß ist, lassen sich die einzelnen Eiweißflocken nur noch schwer zerdrücken.

Das Benetzen der Gefäßwand bezweckt ein Auflösen des auch an der Wand haftenden Niederschlages von Calciumoxalat.
Zu 5.: An Stelle von Magnesium-ÄDTA kann auch Zink-ÄDTA verwendet werden.

Der Zusatz der Maßlösung kann rasch erfolgen. Wenn man im Zentrifugenglas titriert, dann wird gegen das Ende der Titration zunächst der obere Teil der Lösung blau, so daß keine Gefahr der Übertitration besteht. Wer nicht gewohnt ist, im Röhrchen zu titrieren, kann selbstverständlich die Lösung in ein Kölbchen überspülen.

Der Endpunkt ist nie so scharf wie in eiweißfreien Lösungen. Eine geringfügige Verbesserung kann durch Zusatz eines Kriställchens Kaliumcyanid erzielt werden. Dieser Zusatz empfiehlt sich generell, um allfällige Verunreinigungen durch Kupferspuren oder solche anderer Schwermetallionen von vornherein auszuschalten. Bei Anwendung von Zink-ÄDTA (siehe oben!) darf jedoch niemals Cyanid zugesetzt werden, da durch Cyanid Zink komplex gebunden wird.

Es steht fest, daß für Personen, die nicht ausgesprochen farbenschwach sind, das Erkennen des Endpunktes nach kurzer Übung keine Schwierigkeiten bereitet. Farbenschwache bemerken nicht das Verschwinden des Rotstiches, sondern haben den Eindruck, daß sich die Lösung mehr oder weniger schnell aufhellt. Der korrekte Endpunkt ist erreicht, wenn der letzte Rotstich verschwindet und weiterer Zusatz von Maßlösung keine Änderung verursacht. Man setzt am besten immer 2 Tropfen Maßlösung auf einmal zu. Der Fehler, den ein Tropfen verursacht, beträgt etwa 0,1 mg% Ca, also zirka 1%.

Um den Endpunkt deutlicher erkennbar zu machen, kann man Mischindikatoren verwenden. So empfiehlt sich der Zusatz eines gelben Farbstoffes, wodurch der Umschlag von Rot auf Grün erfolgt. Am einfachsten ist es, einen kleinen Tropfen Methylrotlösung (S. 122), die ja im alkalischen Medium gelb ist, zuzusetzen.

Wenn die austitrierte blaue Lösung mit der Zeit wieder rot wird, so handelt es sich entweder um die Abgabe von Calciumionen aus der Glaswand des Gefäßes oder aber das Calciumoxalat wurde nicht vollständig aus dem Niederschlag gelöst. Letzteres erkennt man daran, daß sich die Rotfärbung am Boden des Gefäßes um die Eiweißflocken entwickelt hat.

Der *Blindwert* wird bestimmt durch Titration eines Gemisches von 1 ml 1-*n*-Salzsäure, 2 ml 3-*n*-Ammoniak, 2 Tropfen Magnesium-ÄDTA-Lösung und einer Spatelspitze Erio-T-Natriumchlorid-Gemisch. Er soll nicht über 0,15 ml 0,00100-*m*-ÄDTA-Lösung betragen.

Zu Berechnung: 1 Gramm-Atom Calcium entspricht 2 Gramm-Äquivalenten. Da 1 Mol ÄDTA einem Gramm-Atom Calcium entspricht, muß beim Umrechnen vom Verbrauch auf Milliäquivalent mit 2 (Wertigkeit des Calciums) multipliziert werden.

1 ml 0,00100-*m*-ÄDTA-Maßlösung entspricht 0,04 mg Calcium. Zur Umrechnung auf 100 ml Serum multipliziert man mit 100 (0,04 × 100 = 4).

Literatur

FLASCHKA, H. und A. HOLASEK, Z. physiol. Chem. **288**, 244 (1951).

Direkte Titration im nativen Serum

Prinzip:

Calcium wird im nativen Serum gegen den Indikator Calcon mit ÄDTA titriert.

Reagenzien:

Natronlauge, 2 *n* (S. 122).
Calconlösung (S. 118).
ÄDTA-Maßlösung, 0,00100 *m* (S. 17).

Durchführung:

Pipettiere 1,00 ml Serum in ein 100 ml fassendes Titrierkölbchen, versetze mit 4 ml Natronlauge, 30 ml dest. Wasser und 2 Tropfen Calconlösung. Titriere sofort und rasch zum Farbwechsel von Violett auf rein Blau.

Berechnung:

(ml 0,00100-*m*-ÄDTA-Maßlösung − Blindwert) × 2 = mval Calcium
(ml 0,00100-*m*-ÄDTA-Maßlösung − Blindwert) × 4 = mg % Calcium

Bemerkungen:

Calcon wird an Stelle des früher viel verwendeten Indikators Murexid verwendet, da es einen besseren Umschlag gibt. Man titriert bis zum Verschwinden des letzten Rotstiches. Der Umschlag mag je nach der Intensität der Gelbfärbung des Serums nach einem mehr oder weniger grünstichigen Blau erfolgen.

Wegen des schärferen Umschlages ist die Titration im enteiweißten Serum vorzuziehen, doch gibt obiges Verfahren als

Schnellmethode durchaus brauchbare Werte. Es ist wesentlich, die Titration sofort nach Zusatz der Natronlauge und Verdünnen durchzuführen, da wegen der hohen Alkalität die Gefahr besteht, daß sich Calciumcarbonat bildet, welches nur sehr langsam mit ÄDTA reagiert und so einen wiederholt rückläufigen Farbwechsel bewirkt.

Bestimmung im Harn

Der Calciumgehalt des Harnes ist starken Schwankungen unterworfen. Wenn die im Tagesharn ausgeschiedene Calciummenge bestimmt werden soll, so kann man überschlagsmäßig annehmen, daß die Konzentration 2—4mal höher ist als im Serum. Zur Bestimmung verwendet man daher nie mehr als 1 ml Harn.

Der Harn muß sauer reagieren. Handelt es sich um einen basischen Harn, so wird er durch die ausgefallenen Calcium- und Magnesiumphosphate trüb sein. In diesem Falle bringt man die Trübung durch Zusatz von einigen Tropfen Essigsäure zum Verschwinden.

War der Harn klar, aber nicht deutlich sauer, so empfiehlt sich dennoch der Zusatz von Essigsäure; aus einem neutralen Harn kann beim Stehen Erdalkaliphosphat ausfallen. Besonders störend würde sich eine durch Bakterien hervorgerufene Bildung von Ammoniak aus Harnstoff auswirken, da neben Calciumoxalat in unkontrollierbarer Menge Magnesiumphosphat ausfallen würde, welches mit dem Calcium mitbestimmt wird.

Prinzip:

Das Calcium wird aus dem Harn als Oxalat gefällt, der Niederschlag abzentrifugiert, in Säure gelöst und das Calcium komplexometrisch bestimmt.

Reagenzien:

Essigsäure, 3%ig (S. 119).
Ammoniumoxalatlösung (S. 116).
Salzsäure, 1 *n* (S. 123).
Ammoniak, 3 *n* (S. 116).
Magnesium-ÄDTA-Lösung (S. 121).
Eriochromschwarz-T-Natriumchlorid-Gemisch (S. 118).
ÄDTA-Maßlösung, 0,00100 *m* (S. 17).

Durchführung:

1. Pipettiere 1,00 ml Harn in ein 10—15 ml fassendes Zentrifugenglas, gib dazu einen Tropfen 3%iger Essigsäure und 2 ml Oxalatlösung, rühre mit einem Glasstab um und lasse 1 Stunde stehen.

2. Fülle das Zentrifugenglas mit reinstem dest. Wasser weitgehend auf, rühre gut um, spüle den Glasstab ab und zentrifugiere 10 min bei mindestens 3000 U/min.

3. Dekantiere die überstehende Lösung und gib den dazugehörigen Glasstab in das Röhrchen.

4. Pipettiere 1 ml Salzsäure in das Zentrifugenglas, rühre gut um, benetze auch die Wand des Gefäßes mit der Säure und stelle auf einige Minuten in ein heißes Wasserbad.

5. Versetze mit 2 Tropfen Magnesium-ÄDTA-Lösung, 2 ml Ammoniak, einer Spatelspitze Erio-T-Natriumchlorid-Gemisch und titriere mit der ÄDTA-Maßlösung auf rein Blau.

Berechnung:

$$(\text{ml } 0{,}00100\text{-}m\text{-ÄDTA-Maßlösung} - \text{Blindwert}) \times 2 \times$$
$$\times \text{ Tagesharn in Liter} = \text{Milliäquivalent Calcium pro Tag}$$

$$(\text{ml } 0{,}00100\text{-}m\text{-ÄDTA-Maßlösung} - \text{Blindwert}) \times 40 \times$$
$$\times \text{ Tagesharn in Liter} = \text{mg Calcium pro Tag}$$

Chlorid

Die Chloridkonzentration in der Blutflüssigkeit ist etwa doppelt so groß wie in den Erythrozyten. Von den verschiedenen Methoden der Chloridbestimmung sei hier nur die sehr genaue und einfache mercurimetrische beschrieben. Sie ist die heute wohl meist verwendete und empfohlene Methode; außerdem bietet sie den Vorteil, daß man mit der gleichen Maßlösung die Bestimmung auch im Harn durchführen und daß man die Maßlösung gegen Salzsäure stellen kann.

Bestimmung im Serum

Prinzip:

Im enteiweißten Serum werden die Chloridionen mit einer 0,02-n-Lösung von Quecksilber(II)-nitrat gegen Diphenylcarbazon als Indikator titriert.

Reagenzien:

Trichloressigsäure, 20%ig (S. 125).
Diphenylcarbazonlösung (S. 118).
Quecksilber(II)-nitrat-Maßlösung, 0,0200 n (S. 23).

Durchführung:

1. Pipettiere in ein Zentrifugenglas 2,00 ml Wasser, 0,50 ml Serum und 0,50 ml Trichloressigsäure, rühre gut um, lasse 5 min stehen und zentrifugiere 10 min bei 3000 U/min.

2. Pipettiere 2,00 ml der klaren, überstehenden Lösung in ein kleines Kölbchen, setze 3 Tropfen Diphenylcarbazonlösung zu und titriere mit der Maßlösung bis zum Umschlag von Gelb auf die erste bleibende Farbänderung.

Berechnung:

(ml 0,0200-*n*-Maßlösung — Blindwert) $\times$ 60 = mval Chlorid
(ml 0,0200-*n*-Maßlösung — Blindwert) $\times$ 213 = mg% Chlorid

Bemerkungen:

Es ist notwendig, einmal einen Blindwert zu bestimmen, um sich auf diese Art von der Reinheit der Reagenzien zu überzeugen. Zu diesem Zweck mischt man 2,50 ml dest. Wasser mit 0,50 ml Trichloressigsäure, nimmt davon 2,00 ml und titriert wie unter 2. beschrieben. Man soll nicht mehr als 0,05 ml Maßlösung verbrauchen. Ansonsten ist eine reinere Trichloressigsäure zu verwenden.

Zur Berechnung: 1 ml 0,0200-*n*-Maßlösung entspricht 0,02 Milliäquivalent Chlorid. Aus der Umrechnung von 0,33 ml auf 1000 ml ergibt sich $0{,}02 \times \dfrac{1000}{0{,}33} = 60$.

Der Faktor 213 ergibt sich aus der Normalität (0,02), dem Äquivalentgewicht von Chlorid (35,5) und der Umrechnung von 0,33 ml auf 100 ml Serum: $0{,}02 \times 35{,}5 \times \dfrac{100}{0{,}33} = 213$.

War die Maßlösung nicht genau 0,0200 *n*, so berechnet man nach der Formel:

(ml Maßlösung $\times$ n_{Hg} — Blindwert) $\times$ 3000 = mval Chlorid
(ml Maßlösung $\times$ n_{Hg} — Blindwert) $\times$ 10650 = mg% Chlorid
n_{Hg} = Normalität der Quecksilber(II)-nitrat-Lösung.

Literatur

LANG K., Biochem. Z. **290**, 289 (1937). (Modifiziert.)

Bestimmung im Harn

Prinzip:

Im enteiweißten Harn werden die Chloridionen mit einer 0,02-*n*-Lösung von Quecksilber(II)-nitrat gegen Diphenylcarbazon als Indikator titriert.

Reagenzien:

Trichloressigsäure, 20%ig (S. 125).
Diphenylcarbazonlösung (S. 118).
Quecksilber(II)-nitrat-Maßlösung, 0,0200 *n* (S. 23).

Durchführung:

1. Pipettiere in ein Zentrifugenglas 2,00 ml Wasser, 0,50 ml Harn und 0,50 ml Trichloressigsäure, mische durch, lasse 5 min stehen und zentrifugiere 10 min, wenn eine Trübung entstanden ist.

2. Pipettiere 2,00 ml der klaren Lösung in ein kleines Kölbchen, versetze mit 3 Tropfen Diphenylcarbazonlösung und titriere mit der Quecksilber(II)-nitrat-Maßlösung von Gelb auf die erste bleibende Farbänderung.

Berechnung:

(ml 0,0200-*n*-Maßlösung — Blindwert) $\times$ 60 $\times$
$\times$ Tagesharnmenge in Liter = mval Chlorid pro Tag

(ml 0,0200-*n*-Maßlösung — Blindwert) $\times$ 2,13 $\times$
$\times$ Tagesharnmenge in Liter = g Chlorid pro Tag

(ml 0,0200-*n*-Maßlösung — Blindwert) $\times$ 3,51 $\times$
$\times$ Tagesharnmenge in Liter = g Kochsalz pro Tag

Bemerkungen

Zu 1.: Wenn im Harn kein Eiweiß enthalten ist, dann bleibt er nach Zusatz von Trichloressigsäure klar. In diesem Falle erübrigt sich das Zentrifugieren.

Zur Berechnung: Der Blindwert wird in der gleichen Art bestimmt, wie dies bei der Bestimmung des Chlorids im Serum beschrieben ist. Dort findet man auch die Formel, wenn keine faktorfreie Maßlösung zur Verfügung steht.

Die Bestimmung hat selbstverständlich nur dann einen Sinn, wenn sie im sorgfältig gesammelten, durchgemischten und gemessenen Tagesharn durchgeführt wird. Da Ärzte noch sehr oft die Angabe in g Kochsalz pro Tag wünschen, wurde diese Berechnung hier aufgenommen, obwohl an sich die Umrechnung von Chlorid auf Kochsalz nicht korrekt ist.

Wenn dem Laboratorium die Tagesharnmenge nicht bekannt ist, soll die Angabe in Milliäquivalent pro Liter oder mg% gemacht werden (Berechnung wie beim Serum).

Cholesterin

Das Cholesterin kommt im Serum frei und mit Fettsäuren verestert vor, wobei das freie Cholesterin im normalen Serum ein Fünftel bis ein Drittel des Gesamtcholesterins ausmacht. Zum Unterschied vom Estercholesterin gibt das freie Cholesterin mit Digitonin eine in Alkohol schwer lösliche Verbindung. Auf diese Art wurde es früher vom Estercholesterin abgetrennt. Das Estercholesterin läßt sich jedoch mit Laugen hydrolytisch spalten und wird dann auch mit Digitonin gefällt.

Digitonin ruft eine Hämolyse hervor, die durch freies Cholesterin verhindert werden kann. Es handelt sich dabei um eine stöchiometrisch verlaufende Reaktion zwischen Digitonin und dem Cholesterin. Die Reaktion wurde erstmalig von J. SCHMIDT-THOME und H. AUGUSTIN zur quantitativen Bestimmung des Cholesterins verwertet. Läßt man in eine Digitoninlösung bekannten Gehaltes eine Erythrocytensuspension (Erysuspension) einfließen, so werden die roten Blutkörperchen hämolysiert, was daraus ersichtlich ist, daß die Lösung innerhalb einiger Sekunden klar ist. Das Ende der Titration ist erreicht, wenn ein einfallender Tropfen der Erysuspension nicht mehr hämolysiert wird und die Lösung trüb bleibt. Das vorhandene Digitonin wurde vom Cholesterin der Erythrocyten vollständig abgebunden und kann daher nicht mehr hämolysieren.

Die Methode arbeitet mit zwei Maßlösungen: einer Erythrocytensuspension und einer Digitoninlösung. Die Bereitung dieser Maßlösungen und die Stellung des Titers soll im nachfolgenden beschrieben werden.

Bereiten und Stellen der Maßlösungen

Geräte:

Die Bürette muß nicht nur eine Einteilung auf 0,02 ml besitzen, sondern auch eine so feine Spitze, daß die Tropfen ein maximales Volumen von 0,02 ml haben. Wenn die Spitze der Bürette nicht so fein ist, so setzt man mit Hilfe eines dünnen Gummischlauches ein selbst verfertigtes, fein ausgezogenes Glasrohr an die Bürettenspitze. Als *Titriergefäß* (Abb. 7) werden Röhrchen, wie sie zum Verschicken der Stuhlproben üblich sind (12—20 mm Durchmesser und 60—80 mm hoch), verwendet. Der Boden muß plan sein und darf keine starken Glasfehler aufweisen.

Erythrocytensuspension:

Entnimm mit einer Flügelkanüle 10 ml Blut und lasse es unmittelbar in ein Zentrifugenglas rinnen, in dem sich auf die ganze Wand verteilt 50—60 mg festes Natriumcitrat befinden. Es ist von Vorteil, wenn das Glas eine Marke für 10 ml besitzt. Zentrifugiere, pipettiere das

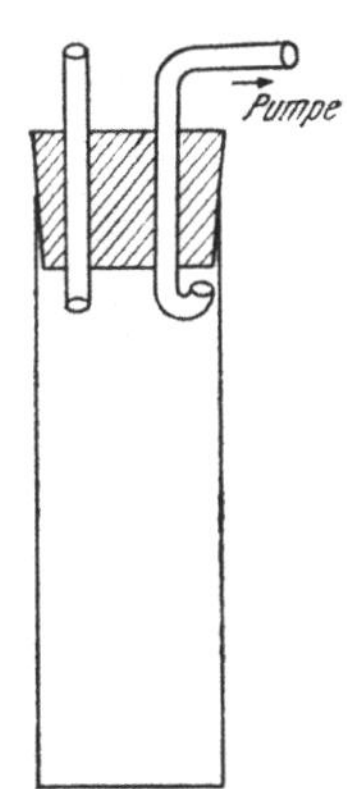

Abb. 7.
Titriergefäß

Plasma ab und wasche 2mal mit isotoner Kochsalzlösung. Zu diesem Zweck fülle bis zur Marke mit isotoner Kochsalzlösung, zentrifugiere und pipettiere die überstehende Lösung ab. Suspendiere schließlich die Erythrocyten in 100 ml isotoner Kochsalzlösung (p_H 7!). Diese Suspension ist im Kühlschrank (ohne Frieren!) bis zu 6 Tagen haltbar.

Digitoninlösung:

Löse 150 mg Digitonin in 1 Liter isotoner Kochsalz-Phosphat-Lösung und lasse 1 Woche stehen. Filtriere nach dieser Zeit, koche zwecks Keimtötung kurz auf und lasse die Lösung gut verschlossen im Kühlschrank stehen. Stelle den Titer mindestens alle 6 Wochen. Es ist von Vorteil, wenn die Lösung, in kleinere Portionen (10 bis 20 ml) aufgeteilt, kühl gelagert wird.

Stellen des Titers der Erysuspension:

1. Pipettiere je 1,00 ml Digitoninlösung in zwei Titriergefäße (S. 59) und stelle sie in eine Glasschale mit Wasser von 40° C. Schiebe unter die Schale eine Schriftprobe (Zeitungspapier).
2. Lasse aus einer frisch gefüllten, auf 0,02 ml geteilten Bürette (S. 59) 3 Tropfen Erysuspension einfließen, warte die Hämolyse ab (Klarwerden der Lösung) und wiederhole dies so lange, bis die vollständige Hämolyse erst nach 3—5 sec eingetreten ist.
3. Lasse von nun an jeweils nur 1 Tropfen Erysuspension zufließen und setze dies fort, bis die Hämolyse auch nach 2 min nicht mehr eintritt (die Lösung trübe bleibt).
4. Wiederhole das gleiche mit der 2. Probe Digitonin.

Berechnung des Titers der Erysuspension:

Unter Titer der Erysuspension versteht man die Anzahl µg Cholesterin, die in 1,00 ml Suspension enthalten ist. Wenn „e" ml Erysuspension von 1,00 ml Digitoninlösung hämolysiert werden und 1,00 ml Digitoninlösung „c" µg Cholesterin binden kann, dann ist der Titer der Erysuspension

$$\frac{c}{e} \ \text{µg (Mikrogramm) Cholesterin}$$

Stellen des Titers der Digitonin-Maßlösung:

1. Pipettiere in 6 Titriergefäße je 1,00 ml Digitoninlösung.
2. Pipettiere in 2 dieser Titriergefäße je 1 ml Aceton, in 2 weitere je 0,50 ml Cholesterin-Urtiter (= 10fach mit Aceton verdünnte Cholesterin-Stammlösung) und in die letzten 2 Gefäße je 1,00 ml Cholesterin-Urtiter.

3. Sauge über einem siedenden Wasserbad mit der Wasserstrahlpumpe das Aceton ab (S. 59).

4. Stelle die Gefäße auf 10 min in einen Brutschrank von 70° C.

5. Stelle die Gefäße in die Schale mit Wasser von 40° C und schiebe unter die Schale eine Schriftprobe.

6. Lasse aus einer frisch gefüllten Bürette mit feiner Spitze 3 Tropfen Erysuspension einfließen, warte die Hämolyse ab und wiederhole dies, bis die Hämolyse länger als 3—5 sec benötigt.

7. Setze von nun ab jeweils nur 1 Tropfen Erysuspension zu, bis die Hämolyse auch nach 2 min nicht beendet ist.

8. Wiederhole die Titration mit den anderen Proben.

Berechnung des Titers der Digitonin-Maßlösung:

Unter dem Titer der Digitoninlösung versteht man die Anzahl µg Cholesterin, die durch 1,00 ml Digitoninlösung gebunden wird. 1,00 ml des Cholesterin-Urtiters enthält 35,0 µg Cholesterin. Für 1,00 ml Digitoninlösung ohne Cholesterinzusatz seien a ml Erysuspension verbraucht; für das Gemisch von 1,00 ml Digitoninlösung und 0,50 ml Cholesterin-Urtiter nur b ml Erysuspension und für das Gemisch von 1,00 ml Digitoninlösung und 1,00 ml Cholesterin-Urtiter nur noch c ml Erysuspension verbraucht. 35,0 µg Cholesterin entsprechen also der Differenz von $a - c$ ml Erysuspension; 17,5 µg Cholesterin entsprechen der Differenz $a - b$.

1 ml Suspension entspricht $\dfrac{35,0}{a-c}$ bzw. $\dfrac{17,5}{a-b}$ µg Cholesterin. Zur Kontrolle kann als 3. Wert die Differenz $b - c$ genommen werden, die auch einer Menge von 17,5 µg Cholesterin entspricht. Die aus diesen drei Möglichkeiten berechneten Titer der Erysuspension dürfen eine maximale Differenz von 5% zeigen.

Der Titer der Digitonin-Maßlösung berechnet sich aus dem so gefundenen Titer der Erysuspension durch Multiplikation des Verbrauches an Suspension für die reine Digitoninlösung (a ml) mit dem Titer der Erysuspension:

$$a \times \frac{35,0}{a-c} \text{ bzw. } a \times \frac{17,5}{a-b} \text{ bzw. } a \times \frac{17,5}{b-c} \text{ µg Cholesterin.}$$

Bestimmung des freien Cholesterins im Serum

Prinzip:

Man läßt das Cholesterin mit Digitonin reagieren und bestimmt den Überschuß an Digitonin durch Titration mit einer Erythrocytensuspension.

Reagenzien:

Kochsalzlösung, isotone, p_H 7 (S. 120).
Isotone Kochsalz-Phosphat-Lösung (S. 119).
Digitonin-Maßlösung (S. 60).
Erythrocytensuspension (S. 59).

Durchführung:

1. Pipettiere 1,00 ml Serum oder Plasma in ein 10 ml fassendes Maßkölbchen, fülle mit der isotonen Kochsalz-Phosphat-Lösung bis zur Marke auf und mische durch.
2. Pipettiere in 2 Titriergefäße (S. 59) je 0,50 ml dieser Verdünnung und setze zu jeder 1,00 ml Digitoninlösung zu. Setze 2 Leerwerte mit je 1,00 ml Digitoninlösung an.
3. Stelle alle Gefäße für 10 min in einen Brutschrank von 70° C.
4. Stelle die Gefäße in eine Schale mit Wasser von 40° C, schiebe eine Schriftprobe darunter.
5. Lasse aus einer frisch gefüllten Bürette mit feiner Spitze (S. 59) 3 Tropfen Erysuspension einfließen, warte die Hämolyse ab und wiederhole dies, bis die Hämolyse 3—5 sec benötigt.
6. Setze nun die Suspension tropfenweise zu, bis die Hämolyse auch nach 2 min nicht beendet ist.

Berechnung:

$$(\text{Leerwert} - \text{Probe}) \times \text{Titer der Erysuspension} \times 2 =$$
$$= \text{mg}\% \text{ freies Cholesterin}$$

Bemerkungen:

Zur Berechnung: 1 ml Serum wurde auf 10 ml verdünnt; von dieser Verdünnung wurden 0,5 ml (= 0,05 ml Serum) genommen. Aus der Umrechnung von 0,05 ml auf 100 ml Serum und von µg auf mg ergibt sich der Faktor 2.

Bestimmung des Gesamtcholesterins im Serum

Prinzip:

Das Cholesterin wird aus dem Serum mit heißem Aceton-Alkohol-Gemisch extrahiert und mit Kalilauge verseift. Das in der mit Essigsäure neutralisierten Lösung vorhandene, nun freie Cholesterin läßt man mit Digitonin reagieren und bestimmt den Überschuß an Digitonin durch Titration mit einer Erythrocytensuspension.

Geräte:

Bürette mit feiner Spitze, siehe S. 59.
Titriergefäße (Abb. 7) mit planem Boden von 15—20 mm Durchmesser und 60—80 mm Höhe. In diesen Gefäßen wird nicht nur titriert,

sondern auch Aceton und Alkohol abgesaugt. Zu diesem Zweck verschließt man die Titriergefäße mit einem gut sitzenden, doppelt durchbohrten Stopfen. In die Bohrungen schiebt man Glasrohre so ein, daß sie nur 0,5—1 cm unter dem Stopfen ins Gefäß reichen. Das Rohr, welches an die Wasserstrahlpumpe angeschlossen wird, ist im Gefäßinneren unmittelbar unter dem Stopfen nach oben gebogen. Filterpapiere, Schleicher & Schüll 589, müssen gereinigt werden. Zu diesem Zweck werden sie mit Pinzetten angefaßt, gefaltet, mit Äther gewaschen und trocken in einem reinen Gefäß aufbewahrt.

Reagenzien:
Alkohol-Aceton-Gemisch, 1 : 1 (S. 116).
Alkohol, 95%ig (S. 116).
Kalilauge, 50%ig (S. 119).
Essigsäure-Kochsalz-Phosphat-Lösung (S. 119).
Phenolphthaleinlösung in Wasser (S. 123).
Kochsalzlösung, isotone (S. 120).
Digitonin-Maßlösung (S. 60).
Erythrocytensuspension (S. 59).

Durchführung:
1. Gib in ein 10 ml fassendes Maßkölbchen 5—6 ml Alkohol-Aceton-Gemisch und lasse 0,25 ml Serum unter Schütteln eintropfen.

2. Erhitze unter Schütteln am Wasserbad vorsichtig zum Sieden.

3. Kühle ab, fülle mit Alkohol-Aceton-Gemisch bis zur Marke auf und filtriere rasch durch ein vorgereinigtes, trockenes Filter.

4. Pipettiere in 2 Titriergefäße je 0,50 ml dieses Filtrates, setze 1 ml Alkohol (95%ig) und 1 Tropfen Kalilauge zu und lasse 30 min bei 70° C im Brutschrank stehen.

5. Setze 1 Tropfen Phenolphthaleinlösung zu und gib aus einem Glasrohr mit fein ausgezogener Spitze tropfenweise Essigsäure-Kochsalz-Phosphat-Lösung zu, bis die rote Farbe verschwindet (3—5 Tropfen).

6. Sauge mit Hilfe einer Wasserstrahlpumpe das Lösungsmittel über einem siedenden Wasserbad ab.

7. Pipettiere in jedes Gefäß 1,00 ml Digitoninlösung und stelle sie 10 min in den Brutschrank bei 70° C, setze in 2 weiteren Gefäßen Leerwerte mit je 1,00 ml Digitoninlösung an.

8. Stelle die Gefäße in eine Schale mit Wasser von 40° C und schiebe eine Schriftprobe unter die Schale.

9. Lasse aus einer frisch gefüllten Bürette mit feiner Spitze 3 Tropfen der Erysuspension einfließen, warte die Hämolyse ab und wiederhole dies, bis die Hämolyse 3—5 sec benötigt.

10. Setze nun die Suspension tropfenweise zu, bis die Hämolyse auch nach 2 min nicht beendet ist.

Berechnung:

$$(\text{Leerwert} - \text{Probe}) \times \text{Titer der Erysuspension} \times 8 =$$
$$= \text{mg}\% \text{ Gesamt-Cholesterin}$$

Bemerkungen:

Zu 2.: Da das Alkohol-Aceton-Gemisch sehr rasch siedet, soll man mit der Hand schütteln und nicht am Wasserbad ohne Aufsicht stehen lassen.

Zu 3.: Das Alkohol-Aceton-Gemisch verdampft sehr rasch, weswegen es zweckmäßig ist, nur die Filtration von einigen ml abzuwarten und hiervon für die Bestimmung abzupipettieren.

Zu 6.: Beim Absaugen darf die Wasserstrahlpumpe nicht zu stark aufgedreht werden. Der Kondensring des Lösungsmittels soll nicht über die halbe Höhe des Titriergefäßes aufsteigen, was leicht durch geeignetes Einstellen von Wasserstrahlpumpe und Temperatur geregelt werden kann.

Zur Berechnung: 0,25 ml Serum wurden auf 10 ml mit Alkohol-Aceton-Gemisch verdünnt und davon 0,5 ml (= 0,0125 ml Serum) verarbeitet. Der Faktor 8 ergibt sich aus der Umrechnung von 0,0125 ml auf 100 ml und von μg auf mg.

Zieht man vom Gesamt-Cholesterin das freie Cholesterin ab, so erhält man Estercholesterin.

Literatur

SCHMIDT-THOMÉ, J. und H. AUGUSTIN, Z. physiol. Chem. **275**, 190 (1942).

HINSBERG, K. und J. GLEISS, Z. physiol. Chem. **284**, 156 (1949).

Eiweiß

Es besteht kein Zweifel, daß die genauesten Werte für Eiweiß nach nasser Veraschung der Probe durch Bestimmung des Ammoniaks gefunden werden. Für jene Fälle, wo besondere Genauigkeit nötig ist, muß diese Methode empfohlen werden.

Es bestehen jedoch mehrere andere Methoden, die wesentlich rascher durchführbar sind und deren Genauigkeit für klinische Zwecke in den meisten Fällen ausreicht. Auch eine komplexometrische Methode, die keine Veraschung erfordert, soll hier beschrieben werden.

Auf eine Bestimmung von Eiweißfraktionen nach Fällung mit Neutralsalzen wird hier nicht eingegangen, da diese klassischen Methoden durch Einführung der Papierelektrophorese fast vollständig verdrängt wurden. Lediglich die Bestimmung des Fibrinogens soll beschrieben werden.

Bestimmung nach Kjeldahl

Prinzip:

Der Gesamt-Stickstoff des Serums wird nach Veraschung mit Schwefelsäure und Überdestillieren des entstandenen Ammoniaks durch Titration mit Salzsäure bestimmt. Vom Gesamt-Stickstoff zieht man den in einer separaten Probe bestimmten Reststickstoff ab und berechnet aus dem so gewonnenen Wert für Eiweiß-Stickstoff den Einweißgehalt.

Geräte:

1. *Kjeldahlkolben* (Abb. 8): Man achte bei der Beschaffung dieser Kölbchen darauf, daß sie aus einwandfreiem chemischem Geräteglas angefertigt werden und daß das Glas nicht zu dünn ist. Die Kolben sind starken Beanspruchungen ausgesetzt.

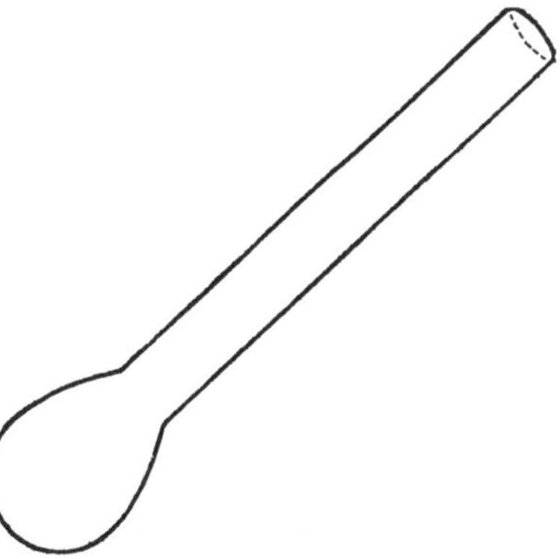

Abb. 8. Kjeldahl-Kolben

2. *Destillationsapparat* (Abb. 9): Die Abbildung zeigt den von W. Schöniger und A. Haack modifizierten Apparat nach Parnas und Wagner. Er besteht aus folgenden Hauptbestandteilen: Dampfentwickler, Destillationsgefäß, Kühler.

Dampfentwickler: Zur Entwicklung des Dampfes dient ein 2 Liter fassender Rundkolben, der elektrisch (Heizmantel) oder mit einem Gasbrenner (Zwischenschalten einer Asbestplatte!) erhitzt wird. Den Verschluß bildet ein doppelt durchbohrter Gummistoppel. Durch die eine Öffnung führt ein Glasrohr zum Überdruckventil, durch die zweite ein Glasrohr zum Destillationsgefäß. Ist der Hahn *a* am Verbindungsrohr zwischen Dampfentwickler und Destillationsgefäß geschlossen, so entweicht der Dampf durch das Überdruckventil. Es ist vorteilhaft, wenn jedesmal vor dem Anheizen des Dampfentwicklers frische Siedesteinchen in den Kolben gegeben werden. Die Verbindung zum Destillationsgefäß ist nicht starr, so daß Erschütterungen nicht übertragen werden.

Destillationsgefäß: Das Destillationsgefäß ist ein doppelwandiges, langgestrecktes Gefäß. Der Wasserdampf tritt zunächst in den äußeren Raum und wärmt so von außen die im Innenraum

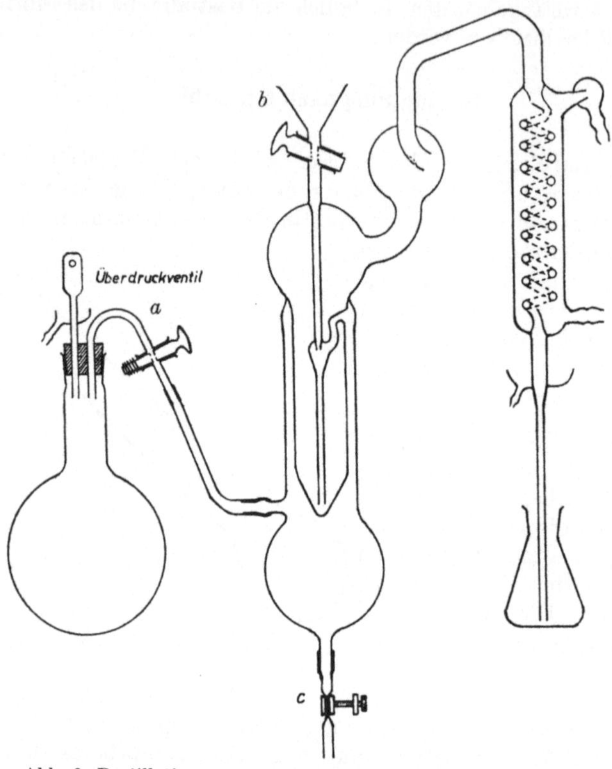

Abb. 9. Destillationsapparat (P. Haack, Wien IX, Garnisongasse 3)

vorhandene Lösung. Erst wenn diese erwärmt ist, tritt der Dampf durch die Lösung und weiter über einen Tropfenfänger, der das Überspritzen verhindert, in den Kühler. Die zu destillierende Lösung wird durch einen Trichter mit Hahn b in den Innenraum gefüllt. Der äußere Raum kann durch einen mit einem Quetschhahn c versehenen Schlauch entleert werden.

Reagenzien:

Schwefelsäure, conc. (S. 123).
Kupfersulfat-Kaliumsulfat-Lösung (S. 121).
Wasserstoffsuperoxyd, 30%ig (S. 125).
Kjeldahllauge (S. 120).

Borsäurelösung, 2%ig (S. 117).
Methylrotlösung (S. 122).
Methylenblaulösung (S. 122).
Salzsäure-Maßlösung, 0,0100 n (S. 19).

Durchführung:

1. Pipettiere 0,10 ml Serum in den Kjeldahlkolben und wasche die Pipette mit mehreren ml Wasser aus. Bei Verwendung der Blutzuckerpipette gib zunächst mehrere ml Wasser in den Kjeldahlkolben und wasche die Pipette nach Einbringen des Serums durch mehrfaches Aufsaugen und Ausblasen aus.

2. Gib 1 ml conc. Schwefelsäure und 1 ml Kupfersulfat-Kaliumsulfat-Lösung zu.

3. Mineralisiere durch Kochen, bis der Kondensring den oberen Rand des Kjeldahlkolbens fast erreicht hat oder die Lösung farblos ist.

4. Ist die Lösung nicht farblos geworden, so lasse abkühlen, setze einen Tropfen Wasserstoffsuperoxyd zu und erhitze noch einmal wie unter 3. Dieser Vorgang muß, wenn nötig, wiederholt werden.

5. Während die Veraschungslösung abkühlt, bringe den Dampfentwickler der Destillationsapparatur zum Sieden und destilliere etwa 20 min Wasser durch die Apparatur.

6. Unterbrich die Dampfzufuhr durch Schließen des Hahnes a und bringe die Veraschungslösung durch den Trichter ins Destillationsgefäß. Spüle mehrmals mit einigen ml Wasser den Kjeldahlkolben und Trichter aus.

7. Setze unter das Kühlerende ein etwa 10 ml fassendes Titrierkölbchen, in dem sich 2 ml 2%iger Borsäure, 3 Tropfen Methylrot und 1 Tropfen Methylenblau befinden, und lasse das Kühlerende in diese Lösung eintauchen.

8. Gieße 7 ml Kjeldahllauge in den Trichter, wasche mit etwas Wasser nach und schließe den Hahn b.

9. Drehe den Hahn a so, daß der Dampf durch die Apparatur geht, und destilliere 4—5 min. Rechne die Zeit von dem Augenblick an, da das Rohr vor dem Kühler heiß wird.

10. Senke die Vorlage so weit, daß das Kühlerende nicht mehr eintaucht, spüle das Ende mit wenig Wasser ab und lasse noch 20—30 sec weiterdestillieren.

11. Drehe den Hahn a so, daß der Wasserdampf nicht mehr durch die Apparatur geht. Sobald die Flüssigkeit aus dem Destillationsraum abgesaugt ist, fülle Wasser in den Trichter und lasse es in

das Destillationsgefäß einfließen. Wiederhole nach Schließen des Hahnes *b* das Absaugen und wasche noch einmal. Nach Öffnen des Hahnes *b* und Ablassen des Waschwassers durch Hahn *c* kann die Apparatur mit einer neuen Probe beschickt werden (siehe 6.).
12. Titriere, während die neue Probe destilliert, die Vorlage mit 0,01-*n*-Salzsäure, bis der Indikator von Grün auf Stahlblau (Grau) umschlägt.

Berechnung:

ml 0,0100-*n*-Salzsäure $\times$ 140 = mg% Gesamt-N
(mg% Gesamt-N) $-$ (mg% Rest-N) $\times$ 0,00625 = g% Eiweiß

Bemerkungen:

Zu 1.: Mit der Blutzuckerpipette saugt man das Serum nur wenig über die Marke, wischt die Spitze mit Filterpapier ab und saugt den Überschuß durch vorsichtiges Berühren der Pipettenspitze mit Filterpapier ab. Man soll es vermeiden, zu hoch über die Marke einzusaugen, da durch den an der Wand der Pipette verbleibenden Überschuß an Serum ein Überwert entsteht. Über die Verwendung der genaueren Auswaschpipette nach Pregl siehe unter Geräte (S. 31); desgleichen über „siliconierte" Pipetten (S. 31).

Zu 2.: Die Veraschung des Serums zur Eiweißbestimmung geht nicht so leicht vor sich wie die Veraschung des enteiweißten Serums zwecks Rest-N-Bestimmung. Aus diesem Grunde wurde an Stelle von Kupfersulfat der Zusatz anderer Katalysatoren vorgeschlagen. Zu stark wirkende können zu einem Verlust an Stickstoff und somit zu Unterwerten führen. So verwendet man manchmal eine selbst bereitete Lösung von Quecksilbersulfat. Hierzu löst man 10 g rotes Quecksilberoxyd in 12 ml conc. Schwefelsäure und verdünnt mit Wasser auf 100 ml. Die Veraschung erfolgt im Kjeldahlkolben nach Zusatz von 1 ml conc. Schwefelsäure, 0,5 ml Quecksilbersulfat und einer Spatelspitze Kaliumsulfat. Bei Verwendung dieses Gemisches besteht weniger Gefahr, Stickstoff zu verlieren. In das Destillationsgefäß muß jedoch neben Natronlauge Zinkstaub gegeben werden.

Zu 3. und 4.: Wenn es sich nur um wenige Proben handelt, kann man von Hand aus veraschen; man hält den Veraschungskolben mit einer Holzklammer und erhitzt unter kräftigem Schütteln über einer starken Gasflamme. Wenn die Lösung zu sieden beginnt, besteht Gefahr des Schäumens.

Wenn man mehrere Proben hat, wird man ein *Veraschungsgestell* (Abb. 10) verwenden. Das Veraschungsgestell hat auch den Zweck, ein langsam verlaufendes Erhitzen bis zum Entweichen von Schwefelsäure zu gewährleisten und die Dämpfe, wenn kein Abzug vorhanden ist, in den Ausguß zu leiten. Das Gestell besteht aus einer Bank mit Löchern und kleinen Gasbrennern. Die Hälse der Veraschungskolben enden in einem Glasrohr, das mit der Wasserstrahlpumpe verbunden ist. Da bei dieser Art der Veraschung die Kölbchen nicht geschüttelt werden, ist es notwenig, Siedesteinchen zu verwenden.

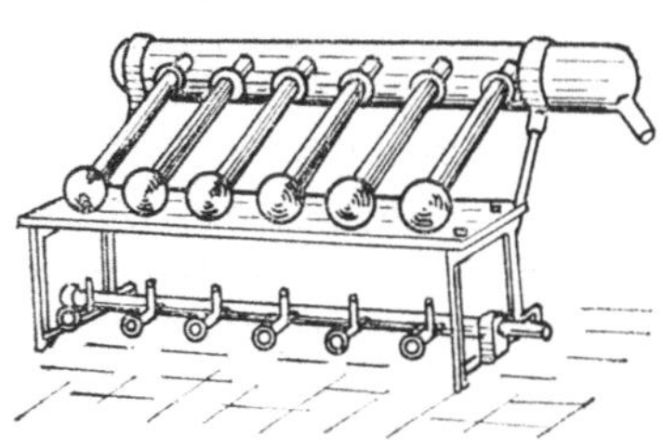

Abb. 10. Veraschungsgestell

Eine einfache Vorrichtung erlaubt das Schütteln des ganzen Veraschungsgestelles, wodurch ein Siedeverzug vermieden werden kann: Mit Hilfe eines kleinen Elektromotors kann man über einen Exzenter die Bank in eine Schüttelbewegung versetzen.

Man erhitzt so lange, bis die Lösung farblos ist. Im allgemeinen ist es üblich, so lange zu erhitzen, bis der Kondensring der Schwefelsäure 1 cm unter der Öffnung des Veraschungskolbens steht. Ist die Gelb- oder Braunfärbung der Lösung nicht verschwunden, so läßt man abkühlen und erhitzt nach Zusatz von 1—2 Tropfen 30%igem Wasserstoffsuperoxyd neuerlich. Zu viel Peroxyd darf man nicht verwenden, da Ammoniak oxydiert werden könnte und freier Stickstoff entweicht. Bei der Bestimmung des Rest-N wird man kaum Wasserstoffsuperoxyd benötigen.

Zu 5.: Das Ausdämpfen der Apparatur ist bei laufender Verwendung nicht notwendig.

Zu 6.: Das quantitative Überspülen der schwefelsauren Veraschungslösung geschieht am zweckmäßigsten auf folgende Art: Man gibt zu der konzentrierten schwefelsauren Lösung im Kjeldahlkolben etwa 2—4 ml Wasser, indem man das Wasser mit einer Spritzflasche an der Innenwand des Kolbens einfließen läßt und dabei den Kolben dreht. Nach Umschütteln gießt man die Lösung in den Trichter des Destillationsgefäßes bei geöffnetem Hahn b und spült den am Kolben hängenden Tropfen mit etwas Wasser in den Trichter. Nun gibt man in der beschriebenen Art wieder die gleiche Menge Wasser in den Kolben, schüttelt um und gießt es in den Trichter. Dies wird noch zweimal wiederholt. Auf keinen Fall soll man zum Waschen zuviel Wasser verwenden, da dadurch ein zu großes Volumen in das Destillationsgefäß gebracht wird. Je mehr Wasser im Destillationsgefäß ist, um so größer ist die Gefahr, daß beim kräftigen Sieden etwas in den Kühler über-

spritzt. Zum Schluß spült man mit wenig Wasser den Trichter ab.
Zu 8.: Nach Zusatz der Lauge muß unbedingt mit wenig Wasser
nachgewaschen werden.
Zu 9.: Die Destillationsdauer von 4—5 min wird von dem Augenblick an gerechnet, wenn der Kondensring des Wassers den Kühler
erreicht (der Eingang in den Kühler heiß wird).

Blindwert: Wenn man die hier beschriebene Methode erstmalig
verwendet oder neue Reagenzien bezogen hat, empfiehlt es sich,
den Blindwert zu bestimmen. Zu diesem Zweck erhitzt man wie
beim Veraschen das Gemisch von Schwefelsäure und Katalysator
und destilliert die so gewonnene Lösung in der beschriebenen Art.
Wenn alle Chemikalien einwandfrei sind, so darf bei der Titration
der Vorlage nicht mehr als 1 Tropfen Salzsäure verbraucht werden.

Hat man einen Blindwert gefunden, so wird man versuchen,
seine Quelle zu ermitteln. In erster Linie soll an die conc. Schwefelsäure gedacht werden; der Blindwert ist in diesem Falle konstant.
Stark schwankende und oft sehr hohe Blindwerte sind charak-
teristisch für einen Fehler in der Arbeitstechnik; meist handelt
es sich darum, daß man das Destillationsgefäß zu stark durch
Waschwasser gefüllt hat, so daß es zum Überspritzen der stark
alkalischen Lösung kommt.

Zur Berechnung: Der Faktor 140 ergibt sich aus dem Atomgewicht
für Stickstoff (14), der Umrechnung von 0,1 ml auf 100 ml und der
Normalität der Salzsäure 0,01 $\left(14 \times \dfrac{100}{0,1} \times 0,01\right)$. Für das Eiweiß wird der empirisch gefundene Stickstoffgehalt von 16% an-
genommen. Daraus ergibt sich der Faktor 6,25 $\left(= \dfrac{100}{16}\right)$. Wegen
der Umrechnung von mg auf g ist er hier 0,00625.

In Fällen, bei denen ein normaler Rest-N mit Sicherheit zu
erwarten ist, kann man aus dem Gesamt-N das Eiweiß berechnen.
Unter der Annahme, daß der normale Rest-N etwa 30 mg% beträgt, ergibt sich ein Fehler 30 × 6,26 mg% Eiweiß, d. h. rund
0,2% Eiweiß, die man in Abzug bringt.

Literatur

Parnas, J., K. und R. Wagner, Biochem. Z. **125**, 253 (1921).
Schöniger, W., und A. Haack, Mikrochim. Acta **1956**, 1369.

Komplexometrische Bestimmung im Serum

Prinzip:
Kupfer bildet mit Eiweiß in alkalischem Medium wasserlösliche
Komplexe. Nachdem vom überschüssigen Kupferhydroxyd ab-

zentrifugiert wurde, bestimmt man in einem aliquoten Teil der Lösung das an Eiweiß gebundene Kupfer komplexometrisch durch Titration gegen PAN.

Reagenzien:

Natronlauge, 1 n (S. 122).
Kupferacetatlösung (S. 121).
ÄDTA-Maßlösung, 0,00100 m (S. 17).
Natriumacetat-Essigsäure-Puffer (S. 122).
PAN-Lösung (S. 123).
Zinkacetat-Maßlösung, 0,001 m (S. 17).

Durchführung:

1. Pipettiere in ein Zentrifugenglas, das eine Marke für 10,0 ml besitzt, etwa 7 ml dest. Wasser und 0,20 ml Serum.

2. Versetze diese Lösung mit 1 ml Natronlauge, rühre um, setze 1 ml Kupferacetatlösung zu und fülle mit dest. Wasser bis zur Marke auf.

3. Rühre sorgfältig um, gieße die trübe Lösung in ein etwa 100 ml fassendes Erlenmeyerkölbchen, verschließe es und lasse 1—2 Stunden stehen.

4. Gieße nach Umschwenken die Lösung wieder in das gleiche Zentrifugenglas und zentrifugiere 15 min bei mindestens 3000 U/min.

5. Pipettiere 2,00 ml der klaren (!) überstehenden Lösung in ein Titrierkölbchen, versetze mit 10,00 ml ÄDTA-Maßlösung und etwa 20 ml dest. Wasser und erhitze zum Sieden.

6. Setze zur siedend heißen Lösung 1 ml Natriumacetat-Essigsäure-Puffer und etwa 5 Tropfen PAN-Lösung zu und titriere sofort mit der Zinkacetat-Maßlösung auf den ersten Rotstich.

Berechnung:

$(10 - \text{ml Zinkacetat-Maßlösung} \times m_{Zn}) \times 1{,}3 = \text{g\% Eiweiß}$
$m_{Zn} = $ Molarität der Zinkacetat-Maßlösung.

Bemerkungen:

Zu 1.: Das Blutserum enthält außer Eiweiß auch andere Stoffe, die bei alkalischer Reaktion Kupfer komplex binden. Ihre Menge ist jedoch im Vergleich mit dem Eiweißgehalt des Serums so gering, daß im Routinebetrieb auf eine Trennung durch Enteiweißung verzichtet werden kann.

Zu 3.: Man soll unbedingt aus dem Zentrifugenglas in ein verschließbares Gefäß mit breitem Boden gießen. Das Kupferhydroxyd sedimentiert nämlich sehr rasch, so daß es in einem Zentrifugenglas aus den oberen Schichten absinkt, bevor das dort befindliche Eiweiß mit Kupferhydroxyd quantitativ reagiert hat. In dünner Schicht jedoch ist die quantitative Bindung von Kupfer an das Eiweiß gewährleistet.

Zu 4.: Selbstverständlich ist es nicht notwendig, die ganze Lösung zu zentrifugieren, da ja ein aliquoter Teil entnommen wird. Besonderes Augenmerk soll auf ein ausreichend langes und hochtouriges Zentrifugieren gelegt werden, da Spuren von nicht abzentrifugiertem Kupferhydroxyd große Überwerte hervorrufen. Auf alle Fälle soll man sich einmal durch Bestimmung des Blindwertes davon überzeugen, daß das Kupferhydroxyd quantitativ abzentrifugiert wurde.

Blindwert: Pipettiere in ein Zentrifugenglas 8 ml Wasser und 1 ml Natronlauge, rühre um, setze 1 ml Kupferacetatlösung zu und gieße in ein 100 ml fassendes Erlenmeyerkölbchen. Verschließe das Kölbchen und lasse 1—2 Stunden stehen. Gieße die trübe Lösung in ein Zentrifugenglas und zentrifugiere 15 min bei mindestens 3000 U/min. Pipettiere 2,00 ml der klaren Lösung in ein Titrierkölbchen, setze 10,00 ml ÄDTA-Maßlösung und etwa 20 ml dest. Wasser zu und erhitze zum Sieden. Titriere die siedend heiße Lösung nach Zusatz von 1 ml Natriumacetat-Essigsäure-Puffer und etwa 5 Tropfen PAN-Lösung mit Zinkacetat-Maßlösung auf den ersten Rotstich. Es dürfen nicht weniger als 9,95 ml Zinkacetat-Maßlösung verbraucht werden.

Zu 5.: Durch Zusatz von etwa 20 ml Wasser wird das Volumen der Lösung so erhöht, daß während der Rücktitration keine störende, zu starke Abkühlung erfolgen kann.

Zu 6.: Der Umschlag erfolgt auf einen Tropfen genau, weswegen gegen das Ende der Titration die Maßlösung langsam zugesetzt werden soll. Hat man übertitriert, so muß sofort mit der ÄDTA-Maßlösung zurücktitriert werden.

Zu Berechnung: Der Faktor ist durch Vergleich mit der Bestimmungsmethode nach Kjeldahl empirisch ermittelt worden.

Komplexometrische Bestimmung im Harn

Prinzip:

Das Eiweiß wird von den übrigen Harnbestandteilen durch Fällung mit Trichloressigsäure getrennt, in Natronlauge gelöst und mit Kupferacetat versetzt. Nach Abzentrifugieren des überschüssigen Kupferhydroxyds bestimmt man komplexometrisch gegen PAN das an Eiweiß gebundene Kupfer.

Reagenzien:

Trichloressigsäure, 20%ig (S. 125).
Natronlauge, 1 *n* (S. 122).
Kupferacetatlösung (S. 121).
ÄDTA-Maßlösung, 0,00100 *m* (S. 17).
Natriumacetat-Essigsäure-Puffer (S. 122).
PAN-Lösung (S. 123).
Zinkacetat-Maßlösung, 0,001 *m* (S. 17).

Durchführung:

1. Pipettiere in ein Zentrifugierglas, das eine Marke für 10 ml hat, 2,00 ml Harn, 2 ml Trichloressigsäure und einige ml dest. Wasser, rühre um und zentrifugiere 10 min bei 3000 U/min.
2. Gieße die überstehende Lösung möglichst vollständig ab, pipettiere 1 ml Natronlauge in das Zentrifugenglas und rühre um, bis sich der Niederschlag löst.
3. Gib dazu etwa 7 ml dest. Wasser, rühre um, setze 1 ml Kupferacetatlösung zu und fülle mit dest. Wasser bis zur Marke auf.
4. Rühre sorgfältig um, gieße die trübe Lösung in ein etwa 100 ml fassendes Erlenmeyerkölbchen, verschließe und lasse 1—2 Stunden stehen.
5. Gieße nach Umschwenken die Lösung wieder in das gleiche Zentrifugenglas und zentrifugiere 15 min bei mindestens 3000 U/min.
6. Pipettiere 2,00 ml der klaren (!) überstehenden Lösung in ein Titrierkölbchen, versetze mit 10,00 ml ÄDTA-Maßlösung und etwa 20 ml dest. Wasser und erhitze zum Sieden.
7. Setze zur siedend heißen Lösung 1 ml Natriumacetat-Essigsäure-Puffer und etwa 5 Tropfen PAN-Lösung zu und titriere sofort mit der Zinkacetat-Maßlösung auf den ersten Rotstich.

Berechnung:

$$(10 - \text{ml Zinkacetat-Maßlösung} \times m_{Zn}) \times 0,13 = \text{g\% Eiweiß}$$
$m_{Zn} = $ Molarität der Zinkacetat-Maßlösung.

Bemerkungen:

Siehe komplexometrische Bestimmung von Eiweiß im Serum (S. 71).

Literatur

Holasek, A. und M. Dugandžić, Das ärztliche Laboratorium **6**, 1 (1960).

Fibrinogen

Prinzip:

Man bringt Oxalatplasma durch Zusatz von Calciumchloridlösung zur Gerinnung, wäscht das ausgefallene Fibrin und bestimmt nach

Veraschung den Stickstoffgehalt. Daraus wird das Fibrinogen errechnet.

Geräte:

Kjeldahlkolben (S. 65).
Destillationsapparat (S. 66).

Reagenzien:

Natriumoxalat, fest.
Kochsalzlösung, isoton (S. 120).
Calciumchlorid, 2,5%ig (S. 118).
Schwefelsäure, conc. (S. 123).
Kupfersulfat-Kaliumsulfat-Lösung (S. 121).
Wasserstoffsuperoxyd, 30%ig (S. 125).
Kjeldahllauge (S. 120).
Borsäurelösung, 2%ig (S. 117).
Methylrotlösung (S. 122).
Methylenblaulösung (S. 122).
Salzsäure-Maßlösung, 0,0100 n (S. 19).

Durchführung:

1. Lasse 5 ml Blut in ein Gefäß fließen, in dem sich etwa 7 mg festes Natriumoxalat befinden.

2. Schwenke sofort um, bis sich das Oxalat gelöst hat, zentrifugiere und hebe das überstehende Plasma ab.

3. Versetze 1,00 ml Plasma mit 10 ml isotoner Kochsalzlösung und 1 ml Calciumchloridlösung und lasse 30 min im Brutschrank stehen.

4. Trenne das ausgefallene Fibrin entweder durch Zentrifugieren oder durch Aufrollen auf einen dünnen Glasstab ab und wasche es ausgiebig mit isotoner Kochsalzlösung.

5. Bringe das Fibrin in einen Kjeldahlkolben, setze 1 ml conc. Schwefelsäure und 1 ml Kupfersulfat-Kaliumsulfat-Lösung zu.

6. Mineralisiere durch Kochen, bis der Kondensring den oberen Rand des Kjeldahlkolbens fast erreicht hat oder die Lösung farblos ist.

7. Ist die Lösung nicht farblos geworden, so lasse abkühlen, setze einen Tropfen Wasserstoffsuperoxyd zu und erhitze noch einmal wie unter 6. Dieser Vorgang muß, wenn nötig, wiederholt werden.

8. Während die Veraschungslösung abkühlt, bringe den Dampfentwickler der Destillationsapparatur zum Sieden und destilliere etwa 20 min lang durch die Apparatur.

9. Unterbrich die Dampfzufuhr durch Schließen des Hahnes a und

bringe die Veraschungslösung quantitativ durch den Trichter ins Destillationsgefäß. Spüle mehrmals mit einigen ml Wasser den Kjeldahlkolben und Trichter aus.

10. Setze unter das Kühlerende ein etwa 100 ml fassendes Titrierkölbchen, in dem sich 2 ml 2%iger Borsäure, 3 Tropfen Methylrot und 1 Tropfen Methylenblau befinden, und lasse das Kühlerende in diese Lösung eintauchen.

11. Gieße 7 ml Kjeldahllauge in den Trichter, wasche mit etwas Wasser nach und schließe den Hahn b.

12. Drehe den Hahn a so, daß der Dampf durch die Apparatur geht, und destilliere 4—5 min. Rechne die Zeit von dem Augenblick an, da das Rohr vor dem Kühler heiß wird.

13. Senke die Vorlage so weit, daß das Kühlerende nicht mehr eintaucht, spüle das Ende mit wenig Wasser ab und lasse noch 20—30 sec weiterdestillieren.

14. Drehe den Hahn a so, daß der Wasserdampf nicht mehr durch die Apparatur geht. Sobald die Flüssigkeit aus dem Destillationsraum angesaugt ist, fülle Wasser in den Trichter und lasse es in das Destillationsgefäß einfließen. Wiederhole nach Schließen des Hahnes b das Absaugen und wasche noch einmal. Nach Öffnen des Hahnes b und Ablassen des Waschwassers durch Hahn c kann die Apparatur mit einer neuen Probe beschickt werden (siehe 9.).

15. Titriere, während die neue Probe destilliert, die Vorlage mit 0,01-n-Salzsäure, bis der Indikator von Grün auf Stahlblau (Grau) umschlägt.

Berechnung:

ml 0,0100-n-Salzsäure $\times$ 0,088 = g% Fibrinogen

Bemerkungen:

Zu 1. und 2.: Um das häufige Einwägen von Natriumoxalat zu vermeiden, läßt man sich zweckmäßigerweise einen kleinen Blechlöffel anfertigen, der gestrichen voll etwa 7 mg Natriumoxalat faßt. Die für etwa 5 ml Blut erforderliche Oxalatmenge kann zwischen 5 und 10 mg schwanken. Es ist empfehlenswert, das Zentrifugenglas, in dem man das Blut sammelt, mit einer Marke für 5 ml zu versehen. Zu starkes Schütteln sowie Schaumbildung beim Einfließen des Blutes in das Gefäß soll vermieden werden.

Zu 3.: Man vermeide beim Mischen des Oxalatplasmas mit der Calciumchloridlösung zu starkes Schütteln sowie Schaumbildung. Die Probe kann auch mehr als 30 min im Brutschrank stehen.

Zu 4.: Bei der Gewinnung des Niederschlages durch Zentrifugieren mischt man das Plasma mit der Kochsalzlösung und dem Calciumchlorid im Zentrifugenglas, läßt 30 min stehen und zentrifugiert 10 min. Das abzentrifugierte Fibrin wird nach Abgießen der überstehenden Flüssigkeit mit isotoner Kochsalzlösung versetzt und mit einem Glasstab gut durchgeknetet. Wenn man dabei den Fibrinpfropfen nicht zerreißt, braucht man nicht mehr zu zentrifugieren, sondern dekantiert die Waschflüssigkeit. Das Waschen wird mit je etwa 3 ml isotoner Kochsalzlösung 5mal wiederholt. Bei der Gewinnung des Fibrins mit Hilfe eines Glasstabes wird wie folgt verfahren: Man sticht mit einem dünnen Glasstab in das Gel und dreht darin den Stab. Das Fibrin wird aufgewickelt und kann nun am Glasstab, wie oben beschrieben, mit isotoner Kochsalzlösung gewaschen werden.

Zu 5.: Selbstverständlich muß man eventuell am Hals des Kjeldahlkolbens haftendes Fibrin mit wenig Wasser in den Kolben spülen.
Zu 6.—15.: Siehe Bestimmung des Eiweißes, Bemerkungen zu 3.—9.
Zur Berechnung: Der Faktor ergibt sich aus der Normalität der Salzsäure (0,01), dem Atomgewicht des Stickstoffs (14), der Umrechnung von Stickstoff auf Eiweiß (6,25, siehe S. 70), der Umrechnung auf 100 ml Serum und der Umrechnung von mg auf g

$$\left(\frac{(0{,}01 \times 14 \times 6{,}25 \times 100)}{1000}\right).$$

Literatur

Cullen, G. E., und D. van Slyke, J. biol. Chem. **41**, 587 (1920).

Harnstoff-Stickstoff

Bestimmung durch Wasserdampfdestillation

Prinzip:

Der Harnstoff wird durch Urease gespalten, der dabei entstehende Ammoniak nach Entfernung des Eiweißes in eine Vorlage destilliert und dort mit Salzsäure titriert.

Reagenzien:

Ureasepulver (S. 125).
Acetatpuffer (S. 116).
Zinksulfatlösung (S. 125).
Natronlauge, 10%ig (S. 122).
Kjeldahllauge (S. 120).
Borsäurelösung, 2%ig (S. 117).

Methylrotlösung (S. 122).
Methylenblaulösung (S. 122).
Salzsäure-Maßlösung, 0,0100 n (S. 19).

Durchführung:

1. Pipettiere in ein mehr als 10 ml fassendes Zentrifugenglas 1,00 ml Serum und 1,00 ml Acetatpuffer, setze eine Spatelspitze Ureasepulver zu, rühre um und lasse verschlossen 30 min in einem Wasserbad von 50° C stehen.

2. Versetze die Lösung mit 7,00 ml Wasser, 0,50 ml Zinksulfatlösung und 0,50 ml Natronlauge; mische gut durch und zentrifugiere 5 min bei 3000 U/min.

3. Pipettiere von der klaren Lösung 5,00 ml in den Destillationsapparat für die RN-Bestimmung (S. 66), wasche mit Wasser nach, gieße 7 ml Kjeldahllauge nach und wasche noch einmal mit wenig Wasser.

4. Stelle eine Vorlage mit 2 ml Borsäure unter das Kühlerende, so daß dieses eintaucht, und destilliere 5 min wie bei der RN-Bestimmung.

5. Setze zur Vorlage 3 Tropfen Methylrot und 1 Tropfen Methylenblau zu und titriere mit der 0,01-n-Salzsäure bis zum Umschlag nach Stahlblau.

Berechnung:

ml 0,0100-n-Salzsäure $\times$ 28 = mg% Harnstoff-Stickstoff

Bemerkungen:

Für eine Bestimmung genügen 20—50 mg Ureasepulver. Jedesmal, wenn Urease oder eines der anderen Reagenzien neu beschafft wird, ist ein *Blindwert* wie folgt zu ermitteln: Pipettiere in ein Zentrifugenglas 1 ml Wasser und 1 ml Acetatpuffer, setze eine Spatelspitze Urease zu und lasse verschlossen 30 min bei 50° stehen. Sodann verfahre weiter wie oben beschrieben. Tritt ein Blindwert auf, so sucht man nach der Quelle. Wenn es sich zeigt, daß die Urease den Blindwert liefert, so darf die Urease nicht mehr in unkontrollierten Mengen zugesetzt werden. In solchen Fällen muß man sich eine Ureasesuspension bereiten. Zu diesem Zweck verrührt man 0,5 g Ureasepulver mit 15 ml Acetatpuffer zu einer homogenen Suspension (oder Lösung) und pipettiert bei der Bestimmung 1 ml dieser Suspension zum Serum. Diese Suspension ist nur begrenzt haltbar, es sei denn, man friert sie ein.

Den Blindwert bestimmt man nun, indem man 1 ml Wasser mit 1 ml Ureasesuspension mischt und die Bestimmung wie beschrieben zu Ende führt. Selbstverständlich muß kein Acetatpuffer mehr zugesetzt werden.

Da es sich um eine enzymatische Spaltung handelt, darf das Blut keinerlei denaturierende oder inaktivierende Substanzen enthalten. Im übrigen siehe die Bemerkungen bei der Eiweiß- bzw. RN-Bestimmung (S. 68, 106).

Zur Berechnung: Der Faktor ergibt sich aus der Normalität der Maßlösung (0,01), dem Atomgewicht von Stickstoff (14) und der

Umrechnung von der verwendeten Serummenge $\left(\dfrac{5}{10}\right)$ auf 100 ml

$$\left(0{,}01 \times 14 \times \frac{100}{0{,}5} = 28\right).$$

Literatur

LEIPERT, TH., W. PIRINGER und W., PILGERSDORFER ,,Laboratoriumsdiagnostik", Urban & Schwarzenberg, Wien 1953.

Bestimmung in der Conway-Kammer

Prinzip:

Der Harnstoff wird durch Urease gespalten. Der dabei entstehende Ammoniak diffundiert bei Zimmertemperatur in eine Vorlage mit Borsäure und wird mit 0,01-n-Salzsäure titriert.

Conway-Kammer (S. 45).

Reagenzien:

Ureaselösung (S. 125).
Phosphatpuffer (S. 123).
Kaliumcarbonatlösung, gesättigt (S. 119).
Borsäurelösung, 2%ig (S. 117).
Methylrotlösung (S. 122).
Methylenblaulösung (S. 122).
Salzsäure-Maßlösung, 0,0100 n (S. 19).

Durchführung:

1. Pipettiere in den äußeren (ringförmigen) Raum 0,200 ml Serum, 0,2 ml Phosphatpuffer und 0,5 ml Ureaselösung.
2. Bringe in die innere Kammer 2 ml Borsäurelösung, verschließe die Kammer und lasse sie 30 min bei Zimmertemperatur oder 15 min bei 37° C stehen.

3. Pipettiere in die äußere Kammer 2 ml Kaliumcarbonatlösung, verschließe die Kammer und mische durch Schwenken die Lösung in der äußeren Kammer gründlich durch. Lasse 2 Stunden verschlossen stehen.

4. Setze 3 Tropfen Methylrot und 1 Tropfen Methylenblau zu der Lösung in der inneren Kammer und titriere mit 0,01-n-Salzsäure bis zum Umschlag von Grün nach Stahlblau.

Berechnung:

ml 0,0100-n-Salzsäure $\times$ 70 = mg% Harnstoff-Stickstoff

Bemerkungen:

Wenn der Deckel der Conway-Kammer eine eingeschliffene, ringförmige Rinne hat, erübrigt sich das Einfetten. Ansonsten überzieht man den Deckel mit einer dünnen Schicht Vaseline oder Silikon. Um das Übergehen der Lösung aus dem äußeren Raum in den inneren bei zufälligen Erschütterungen zu erschweren, empfiehlt es sich, den oberen Rand der inneren Wand ganz schwach einzufetten.

Zu 1. und 3.: Beim Durchmischen der Lösungen im äußeren Raum (Serum, Phosphatpuffer, Ureaselösung bzw. später Kaliumcarbonatlösung) läßt man durch drehendes Schwenken die Lösungen im Ring fließen. Selbstverständlich muß man unbedingt vermeiden, daß etwas von der Lösung aus dem äußeren in den inneren Raum kommt.

Zu 4.: Während der Titration wird die Lösung mit einem Glasstab sorgfältig gerührt. Bei Verwendung einer weißen Unterlage ist der Umschlag sehr deutlich.

Zur Berechnung: Der Faktor 70 ergibt sich aus der Normalität (0,01), dem Atomgewicht von Stickstoff (14) und der Umrechnung von 0,2 auf 100 ml Serum $\left(0{,}01 \times 14 \times \dfrac{100}{0{,}2} = 70\right)$.

Die **Bestimmung im Harn** kann nach Verdünnung des Harnes auf das 25fache auf die gleiche Art in der Conway-Kammer durchgeführt werden. Es muß jedoch unbedingt ein Blindwert, bestehend aus verdünntem Harn ohne Zusatz von Urease, durchgeführt werden, da der Harn nicht unbeträchtliche Mengen an Ammoniak enthält.

Literatur

Conway, E. J., und E. O'Malley, Biochem. J. **36**, 655 (1942), (Modifiziert).

Kalium

Für die Bestimmung des Kaliums darf nur frisches, nicht hämolytisches Serum verwendet werden. Da der Kaliumgehalt der Erythrozyten viel höher ist als der des Serums, führt jede Hämolyse zu einer unkontrollierbaren Zunahme des Kaliums in der Blutflüssigkeit. Bei längerem Stehen des Serums entsteht Ammoniak, der bei der Kaliumbestimmung mit erfaßt wird.

Einwandfreies, nichthämolytisches Serum gewinnt man auf folgende Art: Man läßt das Blut aus der Kanüle in ein trockenes Zentrifugenglas fließen. Wenn dies nicht möglich ist, gibt man das mit einer Spritze entnommene Blut sofort in das Zentrifugenglas und zentrifugiert das ungeronnene Blut 10 min bei etwa 1000 U/min. Während des Zentrifugierens beginnt das Blut zu gerinnen. Man nimmt das Glas aus der Zentrifuge, löst mit Hilfe eines Glasstabes die Fibrinfäden von der Glaswand und zentrifugiert jetzt 10 min bei 3000 U/min. Nun kann mit einer trockenen Pipette das Serum, das sich über einer dünnen Fibrinschicht befindet, sehr leicht abpipettiert werden.

Die Spritze, mit der man das Blut entnimmt, soll möglichst trocken sein. Auf keinen Fall darf die Spritze oder die Nadel Alkohol enthalten, da dies sehr rasch zu einer Teilhämolyse führt. Bei jeder auch noch so schwachen Hämolyse soll von einer Kaliumbestimmung Abstand genommen werden.

Die Schwierigkeiten der Kaliumbestimmung durch Fällung als Hexanitrito-cobalt(III)-salz (Cobaltinitrit) lagen und liegen noch immer im sorgfältigen Waschen des Niederschlages. Beherrscht man dieses gut, so ist die Bestimmung in jedem Falle mit nur geringen Fehlern behaftet. Nach der klassischen Methode wird der Niederschlag oxydimetrisch bestimmt. Da es der Zweck dieses Buches ist, mit möglichst wenigen, leicht kontrollierbaren Lösungen auszukommen, wird hier nur die komplexometrische Titration beschrieben.

Da Kalium nicht komplex an Eiweiß gebunden ist wie Calcium und Magnesium, ist es gleichgültig, ob man das Kalium aus nativem oder enteiweißtem Serum fällt. Die Verwendung von enteiweißtem Serum hat den Vorteil, daß die Fällung des Kaliums mit käuflichem Natrium-hexanitrito-cobalt(III) (Natriumcobaltinitrit) durchgeführt werden kann. Ferner läßt sich der so gewonnene Niederschlag filtrieren, braucht also nicht zentrifugiert zu werden und ist daher leichter und unvergleichlich rascher zu waschen. Dies sind die Gründe, weswegen diese Methode in erster Linie beschrieben wird.

Bestimmung im Serum

a) Isolierung des Niederschlages durch Filtration

Prinzip:

Das Kalium wird aus enteiweißtem Serum mit Natrium-hexa-nitrito-cobalt(III)-Lösung gefällt, der Niederschlag abfiltriert, mit kaltem Wasser gewaschen und das Cobalt komplexometrisch titriert.

Reagenzien:

Trichloressigsäure, 20%ig (S. 125).
Natrium-hexanitrito-cobalt(III)-Lösung (S. 122).
Natriumacetatlösung (S. 122).
Salzsäure, 1 n (S. 123).
Harnstoff, fest.
Ascorbinsäure, in fester Form (S. 116).
Kupfer-ÄDTA-Lösung (S. 121).
PAN-Lösung, 0,05%ig (S. 123).
ÄDTA-Maßlösung, 0,00100 m (S. 17).

Durchführung:

1. Pipettiere 2,00 ml Serum und 2,00 ml Trichloressigsäure in ein Zentrifugenglas, rühre gut um und lasse 10 min stehen.
2. Zentrifugiere 10 min und dekantiere die klare Lösung in ein trockenes Reagenzglas.
3. Pipettiere 2,00 ml dieser Lösung in ein etwa 50 ml fassendes Becherglas oder in eine Hagedorneprouvette und gib dazu 0,5 ml Natriumacetatlösung und 1 ml Natrium-hexanitrito-cobalt-(III)-Lösung.
4. Schwenke ganz vorsichtig um und lasse mindestens 3 Stunden im Kühlschrank oder unter Kühlung mit Leitungswasser stehen.
5. Sauge mit einem Filterstäbchen B2 (S. 82) ab.
6. Gib unmittelbar nach Absaugen des letzten Tropfens 2—3 ml gekühltes dest. Wasser zu, ohne das Stäbchen aus dem Gefäß zu heben, schwenke kräftig um und sauge ab. Wiederhole dieses Waschen noch einmal.
7. Nimm das Stäbchen vom Saugschlauch ab, ohne es aus dem Glas zu entfernen, und versetze mit etwa 10 ml dest. Wasser, 1 ml 1-n-Salzsäure und einer Spatelspitze Harnstoff.
8. Erhitze, bis sich der Niederschlag gelöst hat, und entferne das Stäbchen, nachdem es mit wenig Wasser abgespült und ausgeblasen wurde.

9. Versetze die noch heiße Lösung mit 0,5 ml Natriumacetatlösung und einigen Kriställchen Ascorbinsäure. Gib nach dem Umschwenken noch 2 Tropfen Kupfer-ÄDTA-Lösung sowie einige Tropfen PAN-Lösung zu und titriere mit ÄDTA-Maßlösung sofort bis zum Umschlag von Rot nach rein Gelb.

Berechnung:

$$(\text{ml}\ 0{,}00100\text{-}m\text{-ÄDTA-Maßlösung} - \text{Blindwert}) \times 1{,}6 =$$
$$= \text{mval Kalium}$$

$$(\text{ml}\ 0{,}00100\text{-}m\text{-ÄDTA-Maßlösung} - \text{Blindwert}) \times 6{,}3 =$$
$$= \text{mg\% Kalium}$$

Bemerkungen:

Zu 3.: Das Glas, in dem die Fällung durchgeführt wird, soll keinen nach innen gewölbten Boden haben, damit man möglichst vollständig absaugen kann. Sehr gut bewährt haben sich Gläser, wie sie bei der Blutzuckerbestimmung nach HAGEDORN-JENSEN verwendet werden (Durchmesser etwa 3 cm, Höhe etwa 10 cm).

Zu 4.: Sowohl beim Einpipettieren des Fällungsmittels als auch beim Umschwenken muß peinlichst darauf geachtet werden, daß nichts von der Lösung an die Gefäßwand verspritzt oder verschmiert wird. Aus diesem Grunde halte man die Pipettenspitze beim Einpipettieren des Fällungsmittels unmittelbar über der Flüssigkeitsoberfläche. Beim Umschwenken soll das Glas sehr vorsichtig, am besten am Tisch stehend, bewegt werden. Diese Vorsichtsmaßnahmen sind deswegen von ausschlaggebender Bedeutung, weil verspritztes oder verschmiertes Fällungsmittel oft nicht weggewaschen wird und außerordentlich hohe Überwerte verursacht.

Zu 5.: Bevor man *Filterstäbchen* (Abb. 11) in Verwendung nimmt, soll man sich davon überzeugen, daß sie ausreichend rasch filtrieren. Man prüft am besten mit reinem dest. Wasser. Die gesamte Filtration ist bei der Kaliumbestimmung in etwa 3—5 min beendet. 10 ml dest. Wasser müssen daher in höchstens 3 min abgesaugt werden können.

Abb. 11. Filterstäbchen

Von Zeit zu Zeit ist es notwendig, die Filterstäbchen zu reinigen. Zu diesem Zweck gibt man das Stäbchen mit der Fläche nach unten in ein Reagenzglas und gießt soviel conc. Salpetersäure hinein, daß die obere Öffnung gerade nicht bedeckt ist. Man erhitzt zum Sieden, gießt die Salpetersäure weg und wäscht das Stäbchen in der Eprouvette gut mit dest. Wasser ab. Schließlich saugt man einige ml dest. Wasser durch. Filtriert ein Stäbchen trotz intensiven Waschens zu langsam, so muß es verworfen werden.

Die Filterfläche des Stäbchens wird auf den Boden des Glases — bei Hagedorn-Eprouvetten an den tiefsten Punkt — gelegt. Die Wasserstrahlpumpe bleibt während des ganzen Vorganges und auch bei der Abnahme des Stäbchens aufgedreht.

Zu 6.: Man warte immer, bis der letzte Tropfen unter dem Stäbchen verschwindet, bevor neue Waschflüssigkeit zugesetzt wird. Es soll aber vermieden werden, daß der Niederschlag, der am Stäbchen klebt, zu stark eintrocknet, bevor das Waschen beendet ist.

Das zum Waschen verwendete dest. Wasser soll entweder im Eiskasten oder durch Leitungswasser vorgekühlt sein. Unterwerte rühren meist daher, daß nichtgekühltes Wasser verwendet wurde. Das Waschwasser läßt man möglichst rasch entlang der Gefäßwand und des Filterstäbchens einfließen und schwenkt, während das Stäbchen schon absaugt, kräftig um.

Zu 7.: Bei der Abnahme des Stäbchens besteht die Gefahr, daß Niederschlag verlorengeht. Die Filterfläche des Stäbchens muß daher während des Abnehmens über dem Glas bleiben.

Zu 8.: Die zum Waschen des Stäbchens verwendete Wassermenge soll so groß sein, daß das Volumen der Lösung nicht unter 20 ml liegt. Nach dem Entfernen des Stäbchens soll die Lösung noch einmal zum Sieden erhitzt werden, da die Titration in einer möglichst heißen Lösung durchgeführt werden muß. Das relativ große Volumen der heißen Lösung verhindert eine zu starke Abkühlung derselben während der Titration.

Zu 9.: Die Reagenzien müssen unbedingt in der angegebenen Reihenfolge zugesetzt werden. Man achte besonders darauf, daß nicht zuviel Ascorbinsäure zugesetzt wird; es genügen einige Milligramm. Die Ascorbinsäure reduziert das Kobalt(III) zu Kobalt(II), welches nun das Kupfer teilweise aus dem ÄDTA-Komplex verdrängt. Das frei gewordene Kupfer wird gegen PAN mit ÄDTA titriert.

Man kann anfangs rasch titrieren und soll dies auch tun. Da sich der Umschlag über mehrere Tropfen Maßlösung zieht, besteht, solange man gut schwenkt, wenig Gefahr, daß man übertitriert.

Man kann sich vom Erreichen des richtigen Endpunktes so überzeugen, daß man nach dem Ablesen noch 1—2 Tropfen Maßlösung zusetzt; die leuchtend gelbe Farbe darf sich nicht mehr ändern.

Titration gegen den Indikator Murexid:

Ursprünglich wurde zur Titration des Cobalts im Niederschlag Murexid verwendet. Obwohl der Umschlag dieses Indikators (von Orangerot auf Violettrot) nicht sehr scharf ist, kann er für diese Bestimmung verwendet werden.

In diesem Falle wird der durch Filtration oder Zentrifugieren gewonnene und gewaschene Niederschlag in Salzsäure und Harnstoff wie beschrieben in der Hitze gelöst. Die Lösung wird abgekühlt und mit 2 ml 3-n-Ammoniak und wenig Murexidpulver (gut verriebenes Gemisch aus Murexid und Natriumchlorid 1 : 100) versetzt. Man titriert bis zu einer violetten Farbe, die sich nach Zusatz von 2 Tropfen Maßlösung nicht mehr ändert.

Blindwert: In den meisten Fällen wird man einen Blindwert haben, der berücksichtigt werden muß. Er soll nicht über 0,2 ml Maßlösung liegen. Sollte der Blindwert größer sein, so prüfe man, ob im Kupfer-ÄDTA freie Kupferionen enthalten sind. Ist dies der Fall, so setzt man zur Kupfer-ÄDTA-Lösung tropfenweise eine etwa 0,1-m-Lösung von ÄDTA zu, bis der Blindwert ausreichend klein ist. Auf keinen Fall darf man soviel 0,1-m-ÄDTA-Lösung zusetzen, daß der Blindwert vollkommen verschwindet. Es besteht dann Gefahr, daß man einen Überschuß von ÄDTA zugesetzt hat.

Der Blindwert wird so festgestellt, daß man in ein reines Becherglas eine Spatelspitze Harnstoff, 1 ml 1-n-Salzsäure und etwa 20 ml Wasser gibt, die Lösung zum Sieden erhitzt und nach Zusatz von 0,5 ml Natriumacetatlösung, einigen Kriställchen Ascorbinsäure, 2 Tropfen Kupfer-ÄDTA-Lösung und einigen Tropfen Indikator auf rein Gelb titriert.

Zur Berechnung: Der zur Ermittlung des Kaliumgehaltes verwendete Faktor wurde wie bei den klassischen Methoden empirisch gefunden.

Literatur

FLASCHKA, H., und A. HOLASEK, Z. physiol. Chem. **308**, 183 (1957).

b) Isolierung des Niederschlages durch Zentrifugieren

Reagenzien:

Kalium-Fällungsreagenz (S. 119).
Natriumacetatlösung (S. 122).
Salzsäure, 1 n (S. 123).
Harnstoff, fest.
Ascorbinsäure, in fester Form (S. 116).
Kupfer-ÄDTA-Lösung (S. 121).
PAN-Lösung, 0,05%ig (S. 123).
ÄDTA-Maßlösung, 0,00100 m (S. 17).

Durchführung :

1. Pipettiere 1,00 ml Serum in ein trockenes Zentrifugenglas und lasse 2 ml Fällungsreagenz in scharfem Strahl einfließen, so daß die Lösungen durchgemischt werden.

2. Schwenke eventuell vorsichtig um und lasse 45 min stehen.

3. Zentrifugiere 10 min bei 3000 U/min und sauge die überstehende Lösung vorsichtig mit einem sehr engen Glasrohr ab.

4. Lasse 5 ml gekühltes dest. Wasser bei schräg gehaltenem Zentrifugenglas so einfließen, daß der Niederschlag nicht zu stark aufgewirbelt, die darüberstehende Lösung jedoch verdünnt wird. Zentrifugiere und sauge ab. Dies wird noch zweimal wiederholt.

5. Versetze den Niederschlag mit 1 ml 1-*n*-Salzsäure und etwas Harnstoff und erhitze im siedenden Wasserbad. Rühre mit dem Glasstab um und benetze die Gefäßwand.

6. Spüle in 3—4 Portionen mit insgesamt etwa 20 ml Wasser in ein Titrierkölbchen, setze 0,5 ml Natriumacetatlösung zu und erhitze zum Sieden.

7. Gib zur heißen Lösung einige Kriställchen Ascorbinsäure, schwenke um, setze 2 Tropfen Kupfer-ÄDTA-Lösung und einige Tropfen PAN-Lösung zu und titriere mit ÄDTA-Maßlösung sofort bis zum Umschlag auf Gelb.

Berechnung :

(ml 0,00100-*m*-ÄDTA-Maßlösung — Blindwert) $\times$ 2 = mval Kalium

(ml 0,00100-*m*-ÄDTA-Maßlösung — Blindwert) $\times$ 7,8 = mg% Kalium

Literatur

FLASCHKA, H., und A. HOLASEK, Z. physiol. Chem. **303**, 9 (1956).

Bestimmung im Vollblut

Die Bestimmung kann nur dann durchgeführt werden, wenn das Blut nicht geronnen ist. Man verwendet daher entweder gerade entnommenes, noch nicht geronnenes Blut, wobei der Fehler, der durch die höhere Temperatur des Blutes entsteht, zu vernachlässigen ist, oder aber man verhindert die Blutgerinnung durch Zugabe einer volumsmäßig nicht ins Gewicht fallenden Menge konzentrierter Heparinlösung. Diese Methode ist immerhin genauer als das Aufziehen von Blut in eine Spritze, in der sich schon eine abgemessene größere Menge Heparinlösung befindet, da die Graduierung der Spritzen nicht sehr genau ist. Selbstverständlich muß man sich vergewissern, daß das Antikoagulans kaliumfrei ist.

Reagenzien: (wie Seite 81).

Durchführung:

Verdünne 1,00 ml Blut mit 9,00 ml dest. Wasser, lasse 10 min stehen, zentrifugiere und verfahre mit 2,00 ml dieser klaren Verdünnung wie bei Serum von Punkt 1—9 beschrieben (S. 81).

Berechnung:

$$(ml\ 0{,}00100\text{-}m\text{-ÄDTA-Maßlösung} - \text{Blindwert}) \times 16 =$$
$$= \text{mval Kalium im Blut}$$

$$(ml\ 0{,}00100\text{-}m\text{-ÄDTA-Maßlösung} - \text{Blindwert}) \times 63 =$$
$$= \text{mg\% Kalium im Blut}$$

Bestimmung im Harn

Prinzip:

Das Ammonium wird in einem enteiweißten und verdünnten Harn mit Formaldehyd abgebunden, das Kalium als Hexanitritokobalt(III)-salz gefällt und das im abfiltrierten Niederschlag vorhandene Kobalt komplexometrisch bestimmt.

Reagenzien:

Trichloressigsäure, 20%ig (S. 125).
Formaldehyd (S. 119).
Natriumacetatlösung (S. 122).
Natriumhexanitritokobalt(III)-Lösung (S. 122).
Salzsäure, 1 n (S. 123).
Harnstoff, fest.
Ascorbinsäure, fest (S. 116).
Kupfer-ÄDTA-Lösung (S. 121).
PAN-Lösung (S. 123).
ÄDTA-Maßlösung, 0,00100 m (S. 17).

Durchführung:

1. Pipettiere 5,00 ml Harn und 5 ml Trichloressigsäure in einen 100-ml-Maßkolben, schwenke um, fülle mit dest. Wasser bis zur Marke auf und mische gut durch.

2. Zentrifugiere einen Teil dieser Lösung 10 min bei 3000 U/min.

3. Pipettiere 1,00 ml der klaren Lösung in ein etwa 50 ml fassendes Becherglas und gib dazu 1 ml Formaldehyd, 0,5 ml Natriumacetatlösung und 1 ml Hexanitritokobalt(III)-Lösung.

4. Schwenke ganz vorsichtig um und lasse mindestens 3 Stunden, am besten jedoch über Nacht im Kühlschrank oder unter Kühlung mit Leitungswasser stehen.

5. Sauge mit einem Filterstäbchen B 2 ab (S. 82).

6. Gib unmittelbar nach Absaugen des letzten Tropfens 2—3 ml gekühltes dest. Wasser zu, ohne das Stäbchen aus dem Gefäß zu heben, schwenke kräftig um und sauge ab. Wiederhole dieses Waschen noch einmal.

7. Nimm das Stäbchen vom Saugschlauch ab, ohne es aus dem Glas zu entfernen, und versetze mit etwa 10 ml dest. Wasser, 1 ml 1-n-Salzsäure und einer Spatelspitze Harnstoff.

8. Erhitze, bis sich der Niederschlag gelöst hat, und entferne das Stäbchen, nachdem es mit 3—4 ml Wasser abgespült wurde.

9. Versetze die noch heiße Lösung mit 0,5 ml Natriumacetatlösung und einigen Kriställchen Ascorbinsäure. Gib nach dem Umschwenken noch 2 Tropfen Kupfer-ÄDTA-Lösung sowie einige Tropfen PAN-Lösung zu und titriere mit ÄDTA-Maßlösung sofort bis zum Umschlag von Rot nach rein Gelb.

Berechnung:

(ml 0,00100-m-ÄDTA-Maßlösung — Blindwert) $\times$ 33,3 $\times$
$\qquad \times$ Tagesharnmenge in Liter = mval Kalium pro Tag

(ml 0,00100-m-ÄDTA-Maßlösung — Blindwert) $\times$ 1,3 $\times$
$\qquad \times$ Tagesharnmenge in Liter = g Kalium pro Tag

Bemerkungen:

Siehe Bemerkungen zu Bestimmung von Kalium im Serum (S. 82). Zur Berechnung: 1 ml 0,00100-m-ÄDTA-Maßlösung entspricht 0,065 mg Kalium. Aus der Umrechnung von dem verwendeten 1 ml der Harnverdünnung, die 0,05 ml Harn entspricht, auf 1000 ml, und von mg auf g ergibt sich $\dfrac{0,065 \times 20 \times 1000}{1000} = 1,3$.

Da das Atomgewicht von Kalium 39 ist, entspricht 1,3 g Kalium 0,0333 Äquivalent, d. h. 33,3 mval.

Literatur

HOLASEK, A., und M. PEĆAR, Clinica chimica Acta 1961.

Ketonkörper im Harn

Neben Aceton erscheinen bei der Ketonurie im Harn auch Acetessigsäure und β-Oxybuttersäure. Die Summe der Ketonkörper läßt sich so bestimmen, daß man die β-Oxybuttersäure oxydiert und dann die Summe aller als Aceton bestimmt. Viel einfacher ist die Bestimmung der Summe von Aceton und Acetessigsäure; hier genügt nämlich eine einfache Destillation, da die Acetessigsäure dabei in Aceton übergeht. Man gewinnt ausreichende

Aufklärung über den Grad der Ketonurie auch dann, wenn man auf die Bestimmung der Oxybuttersäure verzichtet. Aus diesem Grunde wird hier nur die Bestimmung von Aceton und Acetessigsäure beschrieben.

Prinzip:

Das präformierte Aceton sowie das aus der Acetessigsäure entstehende wird in eine alkalische Vorlage von Jod destilliert, wo sich Jodoform bildet. Der Überschuß an Jod wird mit Natriumthiosulfat zurücktitriert.

Destillationsapparat siehe S. 66.

Reagenzien:

Essigsäure, conc (S. 119).
Kjeldahllauge (S. 120).
Salzsäure, conc (S. 123).
Jod-Maßlösung, 0,1 n (S. 23).
Natriumthiosulfat-Maßlösung, 0,1 n (S. 21).
Stärkelösung (S. 124).

Durchführung:

1. Pipettiere je nach der Schwere der Ketonurie 2,00 oder 5,00 ml Harn in das Destillationsgefäß des Parnas-Wagner-Apparates, setze 2 Tropfen Essigsäure zu und spüle mit Wasser nach (siehe S. 69).
2. Setze unter den Kühler eine Vorlage mit 10,00 ml 0,1-n-Jod-Maßlösung und 2 ml Kjeldahllauge.
3. Destilliere 5 min.
4. Entferne die Vorlage und lasse sie weitere 5 min stehen.
5. Säuere unter Kühlung mit conc. Salzsäure an, setze 2 Tropfen Stärkelösung zu und titriere das überschüssige Jod mit Thiosulfat-Maßlösung zurück.

Berechnung:

$$(10 \times n_{\mathrm{Jod}} - \text{ml Thiosulfat} \times n_{\mathrm{S_2O_3}}) \times 9{,}67 =$$
$$= \text{mg Aceton in der pipettierten Harnmenge}$$

Bemerkungen:

Zu 1.: Die Menge der im Harn ausgeschiedenen Ketonkörper schwankt so stark, daß keine fixe Probemenge vorgeschlagen werden kann. Bei leichter Ketonurie muß man 5 ml verwenden, wobei in ganz leichten Fällen auch dies zuwenig sein dürfte. Im Coma diabeticum muß der Harn auf das 10fache mit Wasser verdünnt werden; davon wird dann nur 1,00 ml verwendet. Erst dann, wenn man die Vorlage mit Salzsäure ansäuert (Punkt 5), wird ersichtlich, ob die vorgelegte Jodmenge ausreichend war. Tritt nämlich nach dem Ansäuern keine oder nur eine sehr schwache Gelbfärbung auf, so muß die Bestimmung unter Verwendung einer kleineren Harnmenge oder eines eventuell verdünnten Harnes wiederholt werden.

Zu 2.: Das Kühlerende muß in die vorgelegte alkalische Jodlösung eintauchen.

Zu 4.: Wenn man die Vorlage unter dem Kühler entfernt, so soll man sie gleich verschließen und noch mindestens 5 min stehen lassen, damit die Bildung des Jodoforms quantitativ ist.

Zu 5.: Das Kühlen soll eventuelle Jodverluste durch Verdampfen verhindern. Die Lösung ist sauer, wenn die gelbbraune Farbe des freien Jods erscheint.

Zur Berechnung: Das Äquivalentgewicht des Acetons ist ein Sechstel des Molekulargewichtes (58:6 = 9,67).

Kohlenmonoxyd

Die Bestimmung des Kohlenmonoxyds im Blut gewinnt immer mehr an Bedeutung. Man wird kaum mehr eine der klassischen qualitativen Reaktionen anwenden, wenn man in der Lage ist, auf eine relativ einfache Art das Kohlenmonoxyd des Blutes quantitativ zu erfassen.

Es muß mit Nachdruck darauf hingewiesen werden, daß die Blutentnahme unmittelbar nach oder noch besser während der eventuell zur Vergiftung führenden Tätigkeit erfolgen muß. Das Kohlenmonoxyd wird durch Sauerstoff aus dem Blut verdrängt, so daß schon eine Stunde nach Entfernung des Patienten aus der Kohlenmonoxydatmosphäre der Kohlenmonoxydgehalt des Blutes stark abgesunken ist.

Man gibt das Blut sofort nach der Entnahme in ein Gefäß, in dem sich mehrere mg Natriumoxalat oder Natriumfluorid oder Natriumcitrat befinden, verschließt und schwenkt einigemal um. Sodann schichtet man auf das Blut etwas Paraffinum liquidum, verschließt das Gefäß und bringt es möglichst bald ins Laboratorium zur Untersuchung. Wurde eine Citrat l ö s u n g verwendet, so muß die Menge bekanntgegeben werden, damit die hierdurch bewirkte Verdünnung in Rechnung gestellt werden kann.

Prinzip:

Das Kohlenmonoxyd diffundiert in der Conway-Kammer aus dem mit Schwefelsäure angesäuerten Blut in eine Palladiumchloridlösung. Das Palladium wird reduziert, wobei Salzsäure frei wird. Diese titriert man mit Natronlauge.

$$PdCl_2 + H_2O + CO = Pd + 2\,HCl + CO_2$$

Conway-Kammer siehe S. 45.

Reagenzien:

Schwefelsäure, etwa 4 n (S. 124).
Palladiumchloridlösung, 0,02 n (S. 123).
Natronlauge, 0,02 n (S. 19).
Bromphenolblaulösung (S. 118).
Magnesiumchloridlösung, gesättigt (S. 122).

Durchführung:

1. Pipettiere in den inneren Raum der Conway-Kammer 1 ml, wenn nötig frisch filtrierter, Palladiumchloridlösung.
2. Versetze in einer Eprouvette 2,00 ml ungerinnbar gemachtes Blut mit 2,00 ml Wasser und pipettiere 2,00 ml dieser Verdünnung in den äußeren Raum der Conway-Kammer, auf mehrere Stellen verteilt.
3. Pipettiere in den äußeren Raum 0,25 ml 4-n-Schwefelsäure, ohne sie mit dem Blut in Berührung zu bringen.
4. Schließe die Kammer und mische das Blut mit der Schwefelsäure durch vorsichtiges Schwenken. Lasse 3 Stunden verschlossen im Dunkeln stehen.
5. Öffne die Kammer, bringe in den inneren Raum 2 ml Wasser, 1 Tropfen Bromphenolblau sowie 1 Tropfen Magnesiumchloridlösung und titriere mit 0,02-n-Natronlauge auf Purpur.
Blindwert: Mit jeder Bestimmung läuft ein Leerwert, der mit 2 ml Wasser an Stelle von 2 ml Blutverdünnung angesetzt wird.

Berechnung:

(Probe − Blindwert) $\times n_{NaOH} \times 1120 = $ Vol% Kohlenmonoxyd
% Sättigung = Vol% Kohlenmonoxyd $\times 5$

Bemerkungen:

Bezüglich des Arbeitens mit der Conway-Kammer siehe Bemerkungen bei der Harnstoffbestimmung (S. 79).

Es ist vorgeschlagen worden, den Leerwert unter Verwendung eines sicher kohlenoxydfreien Blutes durchzuführen. Man beachte jedoch, daß im Blut von Rauchern kleine Mengen von Kohlenmonoxyd vorhanden sein können.

Zur Berechnung: 1 ml n-Natronlauge entspricht $\dfrac{28}{2} = 14$ mg

Kohlenmonoxyd. Bezogen auf 0° C und 1 Atmosphäre Druck entspricht dies 11,2 ccm Kohlenoxydgas. Bei der Umrechnung von 1 ml Blut, in dem die Bestimmung durchgeführt wurde, auf 100 ml

ergibt sich $11{,}2 \times \dfrac{100}{1} = 1120$.

Literatur

CONWAY, E. J., „Microdiffusion Analysis", London 1948.

Magnesium

Das Magnesium liegt im Serum sowohl komplex gebunden als auch in Ionenform vor. Vom komplex gebundenen Magnesium ist ein Teil nicht dialysierbar. Von den verschiedenen Methoden der Magnesiumbestimmung sollen hier nur die sehr einfachen und zuverlässigen komplexometrischen Methoden beschrieben werden.

Man kann das Magnesium entweder so bestimmen, daß man das Calcium als Oxalat fällt und in der überstehenden Lösung das Magnesium titriert; oder aber man bestimmt die Summe von Calcium und Magnesium, zieht den in einer zweiten Probe bestimmten Calciumgehalt ab und errechnet so das Magnesium. Auf alle Fälle ist es dabei notwendig, das Serum zu enteiweißen. Auf diese Art wird das gesamte Magnesium, also auch das, welches an Eiweiß komplex gebunden ist, bestimmt.

Bestimmung der Summe von Calcium und Magnesium

Prinzip:

Das Serum wird mit Trichloressigsäure enteiweißt, das Eiweiß abzentrifugiert und in der überstehenden Flüssigkeit die Summe von Calcium und Magnesium mit ÄDTA gegen Erio T titriert.

Reagenzien:

Trichloressigsäure, 10%ig (reinst!) (S. 124).
Salzsäure, 1 *n* (S. 123).
Ammoniak, 3 *n* (S. 116).
Eriochromschwarz-T-Natriumchlorid-Gemisch (S. 118).
ÄDTA-Maßlösung, 0,00100 *m* (S. 17).

Durchführung:

1. Pipettiere in ein *trockenes* Zentrifugenglas 2,00 ml Serum und 2,00 ml Trichloressigsäure, rühre mit einem Glasstab gut um und lasse 10 min stehen.

2. Zentrifugiere 10 min bei 3000 U/min und dekantiere die klare überstehende Lösung in eine trockene Eprouvette.

3. Pipettiere davon 2,00 ml in ein Titrierkölbchen, setze 1 ml 1-*n*-Salzsäure, 3 ml 3-*n*-Ammoniak und Indikator zu und titriere mit der ÄDTA-Maßlösung auf rein Blau.

Berechnung:

$$(\text{ml } 0{,}00100\text{-}m\text{-ÄDTA-Maßlösung} - \text{Blindwert}) \times 2 =$$
$$= \text{mval (Calcium} + \text{Magnesium)}$$

mval Magnesium bekommt man, wenn man hiervon die mval Calcium, die man in einer zweiten Probe bestimmt hat, abzieht.

$$\text{mval Magnesium} \times 1{,}2 = \text{mg\% Mg.}$$

Bemerkungen:

Zu 1.: Das Serum darf nicht hämolytisch sein, weil in den Erythrocyten der Calciumgehalt kleiner, der Magnesiumgehalt jedoch höher ist als im Serum.

Die Trichloressigsäure ist oft von ungenügender Reinheit, was eine Titration unmöglich macht. Man bekommt nämlich keinen Umschlag auf rein Blau. Aus diesem Grunde wurde in der Originalarbeit empfohlen, die Trichloressigsäure frisch zu destillieren. Auf alle Fälle soll bei Herstellung einer frischen Lösung von Trichloressigsäure folgender Vorversuch durchgeführt werden:

Pipettiere in ein Titrierkölbchen 1 ml der Trichloressigsäurelösung, 1 ml 1-*n*-Salzsäure, 2—3 Tropfen Leitungswasser und 4 ml 3-*n*-Ammoniak, setze Indikatorpulver zu und titriere mit der ÄDTA-Maßlösung auf rein Blau. Kommt es zu keinem Umschlag auf rein Blau oder bleibt der Umschlag überhaupt aus, so muß die Trichloressigsäure frisch destilliert werden.

Zu 3.: Bei dieser Titration muß man mehr Ammoniak zusetzen (3 ml statt 2 ml), da die Trichloressigsäure neutralisiert werden muß.

Zur Berechnung: Der Faktor für die Berechnung der mval Calcium +Magnesium ergibt sich aus der Wertigkeit dieser Ionen (2). Der Faktor für die Umrechnung von mval auf mg% Magnesium ergibt sich aus dem Äquivalentgewicht des Magnesiums (12) und der Umrechnung von 1000 auf 100 ml.

Bestimmung von Magnesium nach Ausfällung des Calciums

Prinzip:

Das Calcium wird aus dem enteiweißten Serum mit Oxalat gefällt, der Niederschlag abzentrifugiert und im Zentrifugat das Magnesium mit ÄDTA gegen Eriochromschwarz T titriert.

Reagenzien:

Trichloressigsäure, 10%ig (reinst!) (S. 124).
Methylrotlösung (S. 122).
Essigsäure, 3%ig (S. 119).
Ammoniak, 3 n (S. 116).
Ammoniumoxalat, 1%ig (S. 116).
Salzsäure, 1 n (S. 122).
Eriochromschwarz-T-Natriumchlorid-Gemisch (S. 118).
ÄDTA-Maßlösung, 0,00100 m (S. 17).
Zinkacetat-Maßlösung, 0,001 m (S. 17).

Durchführung:

1. Pipettiere in ein *trockenes* Zentrifugenglas 2,00 ml Serum und 2,00 ml Trichloressigsäure, rühre gut um und lasse 10 min stehen.
2. Zentrifugiere 10 min und gieße die überstehende klare Lösung in ein trockenes Reagenzglas.
3. Pipettiere davon 2,00 ml in ein Zentrifugenglas, gib 1 Tropfen Methylrot dazu und neutralisiere mit Ammoniak bzw. Essigsäure, bis ein oranger Farbton erreicht ist (siehe Bemerkungen).
4. Pipettiere 1 ml Oxalatlösung zu und lasse etwa 1 Stunde stehen.
5. Fülle mit Wasser weitgehend auf, rühre gut durch, spüle den Glasstab ab und zentrifugiere 10 min.
6. Dekantiere die überstehende Lösung in ein Titrierkölbchen und setze 1 ml 1-n-Salzsäure, 5,00 ml ÄDTA-Maßlösung, 2 ml 3-n-Ammoniak und Indikatorpulver zu.
7. Titriere mit der Zinkacetat-Maßlösung bis zur ersten bleibenden Änderung der Grünfärbung.

Berechnung:

$$(0,005 - \text{ml Zinkacetat-Maßlösung} \times m_{\text{Zn}}) \times 2000 = \text{mval Mg}$$
$$(0,005 - \text{ml Zinkacetat-Maßlösung} \times m_{\text{Zn}}) \times 2400 = \text{mg\% Mg}$$

Bemerkungen:

Zu 1.: Siehe Bemerkungen zu 1. auf S. 92, 51.
Zu 3.: Das Calcium muß mit Oxalat bei schwach saurer Reaktion gefällt werden. Ist die Lösung zu sauer, so entsteht kein Oxalat-niederschlag, ist sie basisch, so kann neben Calciumoxalat auch Magnesium als Phosphat ausfallen. Es ist daher außerordentlich wichtig, daß man gegen Methylrot auf schwach sauer (orange Farbe) einstellt. Mit dem 3-n-Ammoniak erreicht man sehr rasch einen Umschlag des Indikators von Rot auf Gelb. Danach muß man durch vorsichtige Zugabe der Essigsäure auf Organgefärbung einstellen.
Zu 4.: Bezüglich der Zeit, die zur Erzielung einer vollständigen Fällung notwendig ist, gilt das bei der Calciumbestimmung Gesagte (S. 52).

Zu 5.: Der Zusatz von Wasser verringert den Fehler, der dadurch entsteht, daß eine vollständige Abtrennung der Lösung vom Niederschlag nicht möglich ist. Beim Dekantieren (siehe unter 6.) bleibt immer eine kleine Menge Lösung (weniger als 0,1 ml) im Zentrifugenglas zurück. Wenn das Volumen der Lösung etwa 10 ml beträgt, so bedeutet das einen Fehler von weniger als 1%.

Zu 6. und 7.: An Stelle der direkten Titration des Magnesiums mit ÄDTA wird hier empfohlen, nach Zusatz eines Überschusses von ÄDTA-Maßlösung mit einer Zinkacetat-Maßlösung zurückzutitrieren. Bei direkter Titration des Magnesiums mit ÄDTA gegen Erio T ist der Umschlag schleppend, wenn in der Lösung Oxalat vorhanden ist.

Vor Beginn der Titration mit der Zinkacetat-Maßlösung ist die Lösung grün gefärbt. Diese Farbe resultiert aus der blauen Farbe des metallfreien Erio T (bei Überschuß von ÄDTA) und der gelben Farbe des Methylrots (bei basischer Reaktion). Der Umschlag ist auf einen Tropfen der Zinkacetat-Maßlösung erkennbar: die erst leuchtend grüne Farbe wird schmutziggrün, später braun.

Literatur

HOLASEK, A., und H. FLASCHKA, Z. physiol. Chem., **290**, 57(1952) (Modifiziert).

Bestimmung des Calciums im Oxalatniederschlag

Da bei der Bestimmung des Magnesiums das Calcium quantitativ als Oxalat abzentrifugiert wird, ergibt sich die Möglichkeit, das Calcium nach Auflösen des Niederschlages zu titrieren.

Pipettiere auf den Niederschlag 1 ml 1-n-Salzsäure, gib den Glasstab in das Zentrifugenglas und verfahre weiter wie bei der Calciumbestimmung unter Punkt 4 und 5 (S. 51). Wenn man den Verbrauch an ÄDTA-Maßlösung mit 2 multipliziert, bekommt man mval Calcium, und wenn man ihn mit 4 multipliziert, erhält man mg% Ca. Es soll noch einmal darauf hingewiesen werden, daß die dabei erhaltenen Calciumwerte höher liegen als bei der Fällung aus nativem Serum (S. 50).

Bestimmung von Magnesium im Harn

Sowohl die Bestimmung des Magnesiums als auch der Summe von Calcium und Magnesium läßt sich im Harn in der gleichen Art durchführen wie im Serum, wobei bei eiweißfreiem Harn die Enteiweißung mit Trichloressigsäure entfällt. Im übrigen gilt bezüglich der Menge und der Reaktion des Harnes das bei der Calciumbestimmung im Harn Gesagte (S. 55).

Natrium

Das Natrium darf nur in einem nicht hämolytischen Serum bestimmt werden. Hämolyse führt zu einer Abnahme des Natriumgehaltes der Blutflüssigkeit, da die Erythrocyten praktisch kein Natrium enthalten. Die relative Umständlichkeit der Natriumbestimmung vor der Verwendung des Flammenphotometers brachte es mit sich, daß man sich meist mit der Bestimmung der Chloridionen begnügte und daraus oft auf Kochsalz umrechnete. Die hier beschriebene komplexometrische Methode liefert gut reproduzierbare Resultate.

Bestimmung im Serum

Prinzip:

Nach Entfernung des Eiweißes fällt man das Natrium mit Zinkuranylacetat, filtriert, wäscht den Niederschlag und titriert das Zink komplexometrisch gegen Dithizon.

Reagenzien:

Trichloressigsäure, 20%ig (S. 125).
Zinkuranylacetatlösung (S. 125).
Äthylalkohol, mit Natriumzinkuranylacetat gesättigt (Waschflüssigkeit) (S. 116).
Natriumacetat-Essigsäure-Puffer (S. 122).
Äthylalkohol (S. 116).
ÄDTA-Maßlösung, 0,00100 m (S. 17).
Dithizonlösung (S. 118).

Durchführung:

1. Pipettiere in ein Zentrifugenglas 0,60 ml Trichloressigsäure und 0,20 ml Serum, rühre um, lasse einige Minuten stehen und zentrifugiere 10 min bei 3000 U/min.

2. Pipettiere 0,20 ml der klaren Lösung in ein verschließbares, etwa 25 ml fassendes Gefäß (siehe Bemerkungen) und gib dazu sehr vorsichtig 2 ml Zinkuranylacetatlösung.

3. Verschließe das Gefäß und lasse über Nacht stehen.

4. Sauge den Niederschlag mit einem Filterstäbchen B 2 ab, gib sofort, ohne das Stäbchen zu entfernen, 3 ml mit Natriumzinkuranylacetat gesättigten Alkohol zu, schwenke um und sauge ab.

5. Wiederhole das Waschen mit je 3 ml Waschflüssigkeit noch zweimal.

6. Nimm das Stäbchen vom Schlauch ab, lasse es jedoch im Gefäß, setze etwa 5 ml dest. Wasser zu und erhitze im siedenden Wasserbad.

7. Nimm das Stäbchen heraus und wasche mit wenigen ml Wasser ab.

8. Gib in ein etwa 100 ml fassendes Titrierkölbchen einige Tropfen Dithizonlösung, 15 ml Äthylalkohol und 1 ml Natriumacetat-Essigsäure-Puffer.

9. Gieße in dieses Titrierkölbchen die heiße Lösung aus dem Fällungsgefäß und wasche das Gefäß mit etwa 5—10 ml Wasser und 20 ml Äthylalkohol nach.

10. Titriere die alkoholische Lösung im Titrierkölbchen mit der ÄDTA-Maßlösung bis zum Umschlag von Rot auf Grünlichgelb.

Blindwert:

Der Blindwert, der maximal 0,2 ml Maßlösung betragen darf, dient zur Kontrolle der richtigen Arbeitsweise. Es ist demnach nicht notwendig, mit jeder Bestimmungsserie einen Blindwert mitlaufen zu lassen. Er wird in folgender Art durchgeführt:
Pipettiere 2 ml Zinkuranylacetatlösung vorsichtig wie bei der Bestimmung in das Fällungsgefäß und lasse verschlossen über Nacht stehen. Sauge am nächsten Tag mit dem Filterstäbchen ab und wasche dreimal mit je 3 ml mit Natriumzinkuranylacetat gesättigtem Alkohol nach. Verfahren weiter wie unter Punkt 6—10 beschrieben. Obwohl kein sichtbarer Niederschlag abfiltriert wurde, wird dennoch ein kleiner Blindwert vorliegen. Verbraucht man mehr als 0,2 ml Maßlösung, so liegt ein Fehler in der Arbeitsweise vor.

Berechnung:

$$(\text{ml } 0,00100\text{-}m\text{-ÄDTA-Maßlösung} - \text{Blindwert}) \times 20 =$$
$$= \text{mval Natrium}$$

$$(\text{ml } 0,00100\text{-}m\text{-ÄDTA-Maßlösung} - \text{Blindwert}) \times 46 =$$
$$= \text{mg\% Natrium}$$

Bemerkungen:

Zu 2.: Die Erfahrung hat gezeigt, daß die größten Fehler dadurch hervorgerufen werden, daß Zinkuranylacetatlösung beim Einpipettieren an die Gefäßwand verspritzt wird. Man beachte also folgende Punkte:

a) Verwende nur eine langsam ausfließende 2-ml-Pipette.

b) Berühre mit der Pipettenspitze auf keinen Fall die Gefäßwand. Ist dies geschehen, so muß die Probe verworfen werden.

c) Setze die Pipettenspitze unmittelbar auf den Boden des Gefäßes und lasse die Lösung erst dann ausfließen.

d) Durch das einfließende Fällungsmittel ist die Vermischung gewährleistet, so daß nicht umgeschwenkt werden braucht.

e) Ist irgendwo an der Gefäßwand ein Tröpfchen Fällungsmittel sichtbar, so ist die Probe zu verwerfen.

Als Fällungsgefäße eigenen sich Röhrchen mit 2,5—5 cm Durchmesser und 8—10 cm Höhe (z. B. Gefäße, wie sie für die Stuhlproben üblich sind). Der Boden soll möglichst plan sein. Es ist empfehlenswert und erleichtert das Arbeiten ungemein, wenn man die Gefäße mit einer ätherischen Lösung von Siliconfett ausspült („siliconierte" Gefäße, S. 31); sie werden dadurch wasserabstoßend und verhindern das „Kriechen" des Niederschlages. Sehr zweckmäßig sind auch durchsichtige Kunststoffgefäße.

Zu 3.: Je länger man die Lösung stehen läßt, desto leichter läßt sich der Niederschlag filtrieren und waschen, da die Kristalle gröber werden.

Zu 4.: Bezüglich Handhabung und Reinigung der Filterstäbchen siehe S. 82.

Beim Absaugen des Niederschlages muß man, sofort nachdem der letzte Tropfen verschwunden ist, die Waschflüssigkeit mit einer rasch fließenden Pipette eingießen: der Niederschlag am Stäbchen soll nicht trocken werden. Durch kräftiges Umschwenken soll das quantitative Abwaschen des Fällungsmittels von der Gefäßwand und dem Filterstäbchen erzielt werden.

Zu 6.: Man hält das Stäbchen beim Abnehmen vom Schlauch so, daß ein eventuell abfallender Niederschlag sicher in das Gefäß fällt.

Zu 7.: Man überzeuge sich auf alle Fälle, daß der Niederschlag vom Stäbchen quantitativ abgewaschen wurde.

Zu 8.: Es ist unbedingt notwendig, die Dithizonlösung zunächst mit 15 ml Alkohol zu mischen, da nur unter diesen Bedingungen eine klare Lösung erzielt wird. Wenn das Dithizon nicht gut gelöst ist, erhält man keinen brauchbaren Umschlag.

Zu 9.: Es kann ein Teil des Äthylalkohols direkt in das Titrierkölbchen gegossen werden; zum Nachwaschen des Fällungsgefäßes genügen etwa 10 ml Alkohol. Auf alle Fälle muß jedoch die Menge von insgesamt 30 ml Alkohol verwendet werden, da der Dithizonumschlag nur bei ausreichender Alkoholkonzentration erfolgt.

Zu 10.: Der Umschlag erfolgt plötzlich, weswegen gegen das Ende die Maßlösung tropfenweise zugesetzt werden soll.

Zur Berechnung: Da 0,2 ml Serum beim Enteiweißen auf 0,8 ml verdünnt und davon 0,2 ml zur Bestimmung entnommen wurden, entspricht dies 0,05 ml Serum. Aus der Molarität der Maßlösung, der verwendeten Serummenge und der Umrechnung auf 1 Liter ergibt sich: $0{,}001 \times \dfrac{1000}{0{,}05} = 20$.

Aus der Molarität der Maßlösung, dem Atomgewicht des Natriums und der Umrechnung auf mg pro 100 ml ergibt sich der Faktor:

$$0{,}001 \times 23 \times \frac{100}{0{,}05} = 46.$$

Literatur

Dugandžić, M., H. Flaschka und A. Holasek, Clinica chim. Acta, **4**, 819 (1959).

Bestimmung im Harn

Prinzip:

Das störende Phosphat wird durch Calciumhydroxyd gefällt, im klaren verdünnten Filtrat das Natrium mit Zinkuranylacetat gefällt und das Zink im Niederschlag komplexometrisch gegen Dithizon bestimmt.

Reagenzien:

Calciumhydroxyd, fest (S. 118).
Trichloressigsäure, 20%ig (S. 125).
Zinkuranylacetatlösung (S. 125).
Äthylalkohol, mit Natriumzinkuranylacetat gesättigt (Waschflüssigkeit) (S. 116).
Natriumacetat-Essigsäure-Puffer (S. 122).
Äthylalkohol (S. 116).
ÄDTA-Maßlösung, 0,00100 m (S. 17).
Dithizonlösung (S. 118).

Durchführung:

1. Pipettiere 1,00 ml Harn und 1,00 ml dest. Wasser in ein Zentrifugenglas, setze eine Spatelspitze Calciumhydroxyd zu und rühre kurze Zeit. Zentrifugiere einige min bei 3000 U/min.

2. Pipettiere 0,20 ml der klaren Lösung in ein Zentrifugenglas, in dem 0,60 ml Trichloressigsäure enthalten sind, mische und zentrifugiere, falls Eiweiß ausfällt, 10 min bei 3000 U/min.

3. Pipettiere 0,20 ml der klaren Lösung in ein verschließbares, etwa 25 ml fassendes Gefäß und gib dazu sehr vorsichtig 2 ml Zinkuranylacetatlösung.

4. Verschließe das Gefäß und lasse über Nacht stehen.

5. Sauge mit einem Filterstäbchen B 2 den Niederschlag ab, gib sofort, ohne das Stäbchen zu entfernen, 3 ml mit Natriumzinkuranylacetat gesättigten Alkohol zu, schwenke um und sauge ab.

6. Wiederhole das Waschen mit je 3 ml Waschflüssigkeit noch zweimal.

7. Nimm das Stäbchen vom Schlauch ab, lasse es jedoch im Gefäß, setze etwa 5 ml dest. Wasser zu und erhitze im siedenden Wasserbad.

8. Nimm das Stäbchen heraus und wasche mit wenigen ml Wasser ab.

9. Gib in ein etwa 100 ml fassendes Titrierkölbchen einige Tropfen Dithizonlösung, 15 ml Äthylalkohol und 1 ml Natriumacetat-Essigsäure-Puffer.

10. Gieße in dieses Titrierkölbchen die heiße Lösung aus dem Fällungsgefäß und wasche das Gefäß mit etwa 5—10 ml Wasser und 20 ml Äthylalkohol nach.

11. Titriere die alkoholische Lösung im Titrierkölbchen mit der ÄDTA-Maßlösung bis zum Umschlag von Rot auf Grünlichgelb.

Blindwert: Siehe Bestimmung im Serum.

Berechnung:

(ml 0,00100-*m*-ÄDTA-Maßlösung — Blindwert) $\times$ 40 $\times$
$\times$ Tagesharnmenge in Liter = mval Natrium pro Tag

(ml 0,00100-*m*-ÄDTA-Maßlösung — Blindwert) $\times$ 0,92 $\times$
$\times$ Tagesharnmenge in Liter = g Natrium pro Tag

Bemerkungen:

Siehe Bestimmung im Serum (S. 96).

Zur Berechnung: Da der Harn auf das 8fache verdünnt wurde und hiervon 0,2 ml zur Bestimmung entnommen wurden, entspricht dies 0,025 ml Harn. Aus der Molarität der Maßlösung, der verwendeten Harnmenge und der Umrechnung auf Liter ergibt sich

$$0{,}001 \times \frac{1000}{0{,}025} = 40.$$

Aus der Molarität der Maßlösung, dem Atomgewicht des Natriums, der Umrechnung auf 1 Liter und von mg auf g ergibt sich

$$\frac{0{,}001 \times 23}{0{,}025} = 0{,}92.$$

Phosphatase

Die Phosphatasen, also die Enzyme, welche Ester der Phosphorsäure spalten, werden so bestimmt, daß man die Menge an Ester (Substrat), die innerhalb einer bestimmten Zeit gespalten wird, feststellt. Die aus der Bestimmung des gespaltenen Substrates gefundene Fermentmenge wird in willkürlichen Einheiten angegeben. Da die Spaltungsgeschwindigkeit von der Art und Konzentration des Substrates, Temperatur, p_H-Wert usw. abhängig ist, können die verschiedenen Einheiten nur schwer miteinander verglichen werden.

Die hier beschriebene Methode benützt als Substrat den Phosphorsäurephenol-Ester, wobei die freigemachte Phosphatmenge komplexometrisch bestimmt wird. Die Bedingungen wurden so gewählt, daß die abgespaltene Phosphormenge der Bodansky-Einheit größenordnungsmäßig entspricht. Die unter den gegebenen Bedingungen durch 100 ml Serum freigemachte Phosphormenge in mg ist etwas größer als die, welche nach der von Bodansky angegebenen Methode entsteht. Man wird also für diagnostische Zwecke ohne große Fehler beide gleichsetzen können, obwohl hier Phenolphosphat an Stelle des von Bodansky angegebenen Glycerophosphats verwendet wird.

Das Serum soll möglichst frisch sein und unter Vermeidung von Hämolyse gewonnen werden.

Prinzip:

In einer Serumprobe bestimmt man das anorganische Phosphat und in einer zweiten nach der Inkubation mit Phenolphosphat bei entsprechendem p_H-Wert die Summe des freigemachten und des ursprünglich vorhandenen anorganischen Phosphats.

Reagenzien:

Substrat für saure Phosphatase (S. 124).
Substrat für alkalische Phosphatase (S. 124).
Magnesiamixtur (S. 121).
Salzsäure, 1 n (S. 123).
Ammoniak, 3 n (S. 116).
ÄDTA-Maßlösung, 0,00100 m (S. 17).
Eriochromschwarz-T-Natriumchlorid-Gemisch (S. 118).

Durchführung:

1. Pipettiere in ein etwa 10 ml fassendes Zentrifugenglas 1,00 ml Serum und 1,00 ml Substrat für alkalische bzw. saure Phosphatase, mische durch und lasse genau eine Stunde bei 37° stehen.
2. Kühle durch Einsetzen in ein kaltes Wasserbad rasch ab.
3. Bereite in einem zweiten Zentrifugenglas einen Leerwert durch Einpipettieren von 1,00 ml Serum und 1,00 ml Substrat.
4. Gib in beide Zentrifugengläser 1 ml Magnesiamixtur, rühre mit einem Glasstab, bis ein Niederschlag erscheint, und lasse 15 min stehen.
5. Fülle die Gläser möglichst weitgehend mit dest. Wasser auf, rühre gut um, spüle den Glasstab mit wenig Wasser ab und zentrifugiere 10 min bei 3000 U/min.
6. Dekantiere die Lösung vorsichtig, gib den ursprünglich verwendeten Glasstab wieder hinein, pipettiere etwa 0,2 ml Am-

moniak ein, fülle mit dest. Wasser weitgehend auf, rühre gut um, spüle den Glasstab ab und zentrifugiere wieder 10 min.

7. Dekantiere vorsichtig, gib den Glasstab wieder hinein, pipettiere 1 ml 1-*n*-Salzsäure ein, löse damit den Niederschlag und benetze auch die Wand des Zentrifugenglases, damit auch der dort haftende Niederschlag gelöst wird.

8. Spüle die Lösung unter Verwendung von 25 bis 30 ml dest. Wasser in ein Titrierkölbchen, setze 2 ml Ammoniak und etwas Erio-T-Natriumchlorid-Gemisch zu und titriere mit der ÄDTA-Maßlösung bis zum Umschlag von Rot auf rein Blau.

Berechnung:

$$(\text{ml ÄDTA für Probe} - \text{ml ÄDTA für Leerwert}) \times 3{,}1 =$$
$$= \text{mg Phosphor pro 100 ml Serum}$$

$$(\text{ml ÄDTA für Probe} - \text{ml ÄDTA für Leerwert}) \times 2 =$$
$$= \text{mval Phosphat (sec.)}$$

Bemerkungen:

Zu 1.: Bei Benützung eines Brutschrankes soll man das Serum und Substrat vor dem Mischen auf 37° erwärmen. Setzt man die Proben jedoch in ein Wasserbad von 37°, so entsteht dadurch, daß man die beiden Lösungen nicht vorgewärmt hat, kein merkbarer Fehler.

Zu 3.: Der Leerwert soll unmittelbar vor dem Zusatz der Magnesiamixtur angesetzt werden.

Zu 4.: Die Magnesiamixtur soll gekühlt sein, damit die Wirkung der alkalischen Phosphatase während der 15 min, die zur Ausbildung des Niederschlages notwendig sind, möglichst weitgehend unterdrückt wird.

Insbesondere bei der Bestimmung der sauren Phosphatase soll man sich durch Zusatz von 1 Tropfen Phenolphthalein (S. 123) zeitweilig davon überzeugen, daß die Lösung basisch reagiert. Sollte dies nicht der Fall sein, so muß der Magnesiamixtur conc. Ammoniak zugesetzt werden.

Es muß unbedingt so lange gerührt und eventuell mit dem Stäbchen an der Wand gekratzt werden, bis der Niederschlag erscheint (feine schlierenförmige Trübung).

Siehe auch Bemerkungen zur Bestimmung des anorganischen Phosphats im Serum (S. 103).

Zur Berechnung: Der Faktor 3,1 ergibt sich aus dem Atomgewicht von Phosphor (31) und der Umrechnung von 1 ml auf 100 ml Serum. Der Faktor 2 entspricht der Zweiwertigkeit des secundären Phosphats.

Literatur

DUGANDŽIĆ, M. und A. HOLASEK, Wiener Mediz. Wochenschr. **110**, 460 (1960).

Phosphor (anorganischer)

Phosphor liegt in biologischem Material in fünfwertiger Form (Phosphat) vor. Es kann sich entweder um anorganische Phosphationen oder um Phosphat in organischer Bindung (Ester) handeln. Das anorganische Phosphat wird oft als anorganischer Phosphor bezeichnet und auch als Phosphor und nicht als Phosphat angegeben.

Da das Blutserum Fermente enthält, die imstande sind, Phosphatester zu spalten, steigt der Gehalt des Serums an anorganischem Phosphat, wenn das Serum längere Zeit steht. Aus diesem Grunde muß anorganischer Phosphor im frischen Serum bestimmt werden. Das Blut soll morgens vor dem Essen abgenommen werden. Sofort nach der Entnahme ist das Serum oder Plasma von den Blutkörperchen zu trennen (siehe bei Kalium S. 80). Wird die Blutflüssigkeit nicht von den Blutkörperchen getrennt, so kann es zu einer Abnahme von anorganischem Phosphat kommen. Hämolytisches Serum soll für die Phosphorbestimmung nicht verwendet werden.

Im nachfolgenden soll nur die Bestimmung des anorganischen Phosphors beschrieben werden, da die Bestimmung des säurelöslichen Esterphosphats diagnostisch kaum ausgewertet wird. Größere Bedeutung hat die Bestimmung des Lipoidphosphors.

Prinzip:

Anorganisches Phosphat wird aus dem Serum als Magnesium-Ammoniumphosphat gefällt, der Niederschlag gewaschen und das im Niederschlag enthaltene Magnesium komplexometrisch titriert.

Reagenzien:

Magnesiamixtur (S. 121).
Salzsäure, 1 *n* (S. 123).
Ammoniak, 3 *n* (S. 116).
Eriochromschwarz-T-Natriumchlorid-Gemisch (S. 118).
ÄDTA-Maßlösung, 0,00100 *m* (S. 17).

Durchführung:

1. Pipettiere in ein etwa 10 ml fassendes Zentrifugenglas 1,00 ml Serum und 1 ml Magnesiamixtur, rühre mit einem Glasstab um, reibe so lange an der Glaswand, bis sich ein Niederschlag formt, und lasse 10 min stehen.
2. Fülle das Glas möglichst weitgehend mit dest. Wasser auf, rühre gut um, spüle den Glasstab mit wenig Wasser ab und zentrifugiere 10 min bei 3000 U/min.

3. Dekantiere die Lösung vorsichtig, gib den ursprünglich verwendeten Glasstab wieder hinein, pipettiere etwa 0,2 ml Ammoniak ein, fülle mit Wasser weitgehend auf, rühre gut um, spüle den Glasstab ab und zentrifugiere wieder 10 min.

4. Dekantiere vorsichtig, gib den Glasstab wieder hinein, pipettiere 1 ml 1-n-Salzsäure ein, löse damit den Niederschlag und benetze auch die Wand des Zentrifugenglases, damit der dort haftende Niederschlag gelöst wird.

5. Spüle die Lösung unter Anwendung von 25—30 ml Wasser in ein Titrierkölbchen, setze 2 ml Ammoniak und etwas Erio-T-Natriumchlorid-Gemisch zu und titriere mit der ÄDTA-Maßlösung auf rein Blau.

Berechnung:

$$(\text{ml } 0,00100\text{-}m\text{-ÄDTA-Maßlösung} - \text{Blindwert}) \times 2 =$$
$$= \text{mval Phosphat (sec.)}$$
$$(\text{ml } 0,00100\text{-}m\text{-ÄDTA-Maßlösung} - \text{Blindwert}) \times 3,1 =$$
$$= \text{mg\% Phosphor}$$

Bemerkungen:

Zu 1.: Auch bei Verwendung von 2,00 ml Serum wird nur 1 ml Magnesiamixtur zugesetzt.

Es ist unbedingt notwendig, mit dem Glasstab an der Wand des Zentrifugenglases zu reiben, damit Kristallkeime entstehen. Sobald der Niederschlag zu entstehen beginnt, sieht man die Trübung schlierenförmig auftreten. Mehr als 10—15 min darf man nicht stehen lassen, da sonst Phosphat aus organischer Bindung frei gemacht werden könnte.

Wird die Magnesiamixtur neu bereitet oder bildet sich der Niederschlag nur zögernd bzw. gar nicht, so prüfe man, ob die Magnesiamixtur genügend Ammoniak enthält. Dies geschieht am zweckmäßigsten in folgender Weise: Gib nach Zusatz der Magnesiamixtur zum Serum noch einen kleinen Tropfen Phenolphthaleinlösung zu und rühre um. Die Lösung muß sich zumindest schwach rot färben. Bleibt das Gemisch farblos, so gib zur Probe tropfenweise Ammoniak (3 n) bis zur Rotfärbung zu. Zur Magnesiamixturlösung setzt man conc. Ammoniak zu und überzeugt sich bei der nächsten Probe, daß sich das Gemisch von Serum und Magnesiamixtur mit Phenolphthalein rot färbt.

Zu 2.: Das Auffüllen des Zentrifugenglases vor dem Zentrifugieren und das gute Umrühren dienen der Verdünnung des überschüssigen Fällungsmittels. Auf diese Art wird die über dem Niederschlag nach dem Dekantieren verbleibende Menge an Magnesium so vermindert, daß nur ein einmaliges Waschen des Niederschlages not-

wendig ist. Den abgewaschenen Glasstab soll man so aufbewahren,
daß er nicht verschmutzt wird. Bei mehreren Bestimmungen ordne
man die Stäbchen nach den Proben, damit sie wieder in das richtige
Zentrifugenglas kommen.

Zu 3.: Da der Niederschlag während des Dekantierens leicht ab-
gleitet, ist beim Abgießen größte Vorsicht notwendig. Man kann
die Lösung auch durch ein dünnes, zu einer kapillaren Spitze
ausgezogenes Glasrohr mit Hilfe der Wasserstrahlpumpe langsam
absaugen.

Zu 4.: Der Niederschlag löst sich in Salzsäure sehr leicht. Da sich
die Kristalle an rauhen Stellen bilden und dort besonders fest
haften, sind die gesamte Innenwand des Zentrifugenglases und der
Glasstab mit Säure zu benetzen.

Zu 5.: Die Verwendung von mindestens 25 ml Wasser (in mehreren
Portionen) zum Überspülen der sauren Lösung in den Titrierkolben
hat den Zweck, die Magnesium- und Phosphationenkonzentration
so weit herabzusetzen, daß nach Zusatz von Ammoniak kein
Magnesium-Ammoniumphosphat ausfällt. Da in der verdünnten
Lösung nach Ammoniakzusatz die Neubildung des Niederschlages
durch Übersättigungserscheinungen nur verzögert ist, muß sofort
titriert werden. Es empfiehlt sich daher, bei Vorliegen von mehreren
Proben ab Punkt 5 jede für sich zu beenden und nicht alle bis zur
Titration vorzubereiten und dann stehen zu lassen.

Blindwert: Gib in ein Titrierkölbchen 1 ml 1-*n*-Salzsäure, 2 ml
3-*n*-Ammoniak, etwas Indikatorpulver und titriere den Blindwert
mit der ÄDTA-Maßlösung (auf rein Blau).

Zur Berechnung: Der Faktor 2 entspricht der Tatsache, daß das
Phosphat im Serum als sekundäres Phosphat vorliegt. Der Faktor
3,1 ergibt sich aus dem Atomgewicht von Phosphor und der Umrechnung von 1 auf 100 ml Serum.

Literatur

FLASCHKA, H., und A. HOLASEK, Z. physiol. Chem. **289**, 279 (1952).

Reststickstoff

Unter Reststickstoff (RN) versteht man alle jene Stickstoff-
verbindungen des Serums, die in Lösung bleiben, nachdem man
das Eiweiß gefällt hat (RN ist also der Nicht-Eiweiß-Stickstoff).
Daraus ergibt sich zwangsläufig, daß die RN-Menge davon abhängt, wie man enteiweißt. Unter der Annahme, daß eine vollständige Enteiweißung durchgeführt wurde, erfaßt der RN hauptsächlich die harnpflichtigen Stoffe des Blutes und die Aminosäuren.

Verwendet man zum Enteiweißen, wie fast allgemein üblich, Trichloressigsäure (oder Wolframsäure), so liegen die Normalwerte zwischen 20 und 40 mg% RN. Da es sich um ein Gemisch verschiedener Stoffe handelt, kann man nur den Stickstoffgehalt angeben, nicht jedoch die Menge an stickstoffhaltigen Stoffen. Dies ist zu bedenken, wenn Harnstoff, Harnsäure oder das Kreatinin bestimmt werden. Will man deren Wert mit dem RN in Bezug setzen, so muß man auf mg% Stickstoff (z. B. mg% Harnstoff-Stickstoff) umrechnen. Der Harnstoff-Stickstoff macht meist mehr als die Hälfte des RN aus. Zieht man vom RN den Harnstoff-Stickstoff ab, so erhält man den sogenannten Residualstickstoff.

Die noch immer exakteste Methode zur Bestimmung des RN beruht darauf, daß man durch Veraschung den Aminostickstoff in Ammonium überführt, den Ammoniak bei alkalischer Reaktion überdestilliert und in einer Vorlage acidimetrisch erfaßt. Das Verfahren ist auf 2 Arten realisierbar: Verwendet man Blut in Millilitermengen, so dient zur Destillation der Apparat von PARNAS in irgendeiner Modifikation; verarbeitet man Blut in Mikrolitermengen, so bediene man sich der isothermen Destillation in einer kleinen Kammer (z. B. CONWAY-Kammer).

Außer der acidimetrischen Methode zur Bestimmung des RN steht auch eine oxydimetrische (jodometrische) zur Verfügung. Sie hat den Vorteil der Raschheit und benötigt keine Veraschung. Diese Methode wird an zweiter Stelle beschrieben.

Bestimmung nach Kjeldahl

Prinzip:

Das Blutserum wird mit Trichloressigsäure enteiweißt. Ein Teil des klaren Filtrates wird mit Schwefelsäure mineralisiert, der entstandene Ammoniak nach Zusatz von Natronlauge in eine Vorlage destilliert und dort mit Salzsäure titriert.

Geräte:

Kjeldahlkolben (S. 65).

Destillationsapparat (S. 66).

Reagenzien:

Trichloressigsäure, 20%ig (S. 125).

Schwefelsäure, conc. (S. 123).

Kupfersulfat-Kaliumsulfat-Lösung (S. 121).

Borsäurelösung, 2%ig (S. 117).

Kjeldahllauge (S. 120).

Salzsäure-Maßlösung, 0,0100 n (S. 19).

Methylrotlösung (S. 122).

Methylenblaulösung (S. 122).

Durchführung:

1. Pipettiere 2,00 ml Serum in ein 50-ml-Becherglas, setze 4,00 ml Wasser und unter Schütteln allmählich 4,00 ml Trichloressigsäure zu.

2. Filtriere durch ein festes trockenes Filter und achte darauf, daß das Filtrat klar ist.

3. Pipettiere 5,00 ml klares Filtrat in einen Kjeldahlkolben und versetze mit 1 ml conc. Schwefelsäure und 1 ml Kupfersulfat-Kaliumsulfat-Lösung.

4. Verasche über freier Flamme, bis die Lösung keine Braun- oder Gelbfärbung zeigt. Kühle ab.

5. Heize den Dampfentwickler an und lasse zwecks Reinigung 20 min lang Wasser durch die Apparatur destillieren.

6. Schließe die Dampfzufuhr zum Destillationsgefäß (Hahn *a*), öffne den Hahn *c* und stelle das als Vorlage dienende 100 ml fassende Kölbchen, in dem sich 2 ml Borsäurelösung befinden, unter das Kühlerende.

7. Bringe unter 3—4maligem Nachwaschen mit je 2—4 ml Wasser den abgekühlten Inhalt des Kjeldahlkölbchens quantitativ durch den Trichter in das Destillationsgefäß. Hebe die Vorlage, bis das Kühlerende die Lösung berührt.

8. Gieße 7 ml Kjeldahllauge in das Destillationsgefäß und wasche mit wenig Wasser nach.

9. Schließe den Hahn *c*, öffne die Dampfzuleitung zum Destillationsgefäß (Hahn *a*) und destilliere 4—5 min.

10. Senke die Vorlage, so daß das Kühlerende nicht mehr eintaucht, destilliere noch etwa 30 sec und spüle das Kühlerende mit wenig Wasser ab.

11. Titriere die Vorlage nach Zusatz von 3 Tropfen Methylrot und 1 Tropfen Methylenblau mit der 0,01-*n*-Salzsäure bis zum Umschlag von Grün auf Stahlblau (Grau).

Berechnung:

ml 0,0100-*n*-Salzsäure $\times$ 14 = mg% RN

Bemerkungen:

Zu 1.: Wenn keine andere Möglichkeit besteht, kann man den RN auch in hämolytischem Serum oder sogar in ungerinnbar gemachtem Blut bestimmen.

Der allmähliche Zusatz von Trichloressigsäure verhindert das Entstehen von Klumpen, in denen noch RN-Substanzen eingeschlossen sind. Aus dem gleichen Grunde ist es vorteilhaft, das Gemisch vor dem Filtrieren einige Zeit stehen zu lassen.

Zu 2.: Das Filtrat muß unbedingt vollkommen frei von Eiweiß

sein. Kommt auch nur wenig Eiweiß durch das Filter, so treten Überwerte auf. Aus diesem Grunde ist es unbedingt notwendig, sich von der Klarheit des Filtrates zu überzeugen. Ist das Filtrat nicht klar, so verfährt man wie folgt: Nach beendeter erster Filtration stellt man den Trichter mit dem Filter, ohne etwas von der Lösung zu verlieren, über ein neues Reagenzglas und gießt die trübe durchgegangene Lösung erneut auf das Filter. Sollte auch dieses Filtrat noch immer nicht klar sein, so ist es am besten, ein härteres Filterpapier zu wählen.

Es ist ratsam, sich von der Brauchbarkeit einer Filtersorte wie folgt zu überzeugen: Man macht vom gleichen Serum zwei Ansätze und filtriert den einen Ansatz einmal durch das Filterpapier. Beim zweiten Ansatz gieße man auch dann, wenn das Filtrat klar erscheint, dieses noch einmal auf das gleiche Filter. In beiden Filtraten bestimmt man nach Veraschung in der oben beschriebenen Art. Ist nun der zweite Wert niedriger als der erste, so ist das Filter für kleinste Teilchen durchlässig und somit ungeeignet.

Wenn man Spezialfilterpapiere bekannter Firmen verwendet, so besteht wohl kaum Gefahr, daß aus dem Papier stickstoffhaltige Substanzen in die Lösung eingeschleppt werden und so einen Überwert erzeugen. Im Zweifelsfalle filtriert man ein Gemisch von Wasser und Trichloressigsäure durch das Filter und bestimmt im Filtrat den Stickstoff.

Statt zu filtrieren kann man zentrifugieren. Das Zentrifugat ist, wenn 10 min bei 3000 U/min zentrifugiert wird, sicher klar. Das Zentrifugieren hat den Vorteil, daß man im Zentrifugat auch Ionenbestimmungen durchführen kann. Beim Filtrieren besteht immerhin die Möglichkeit, daß die Filter nicht aschefrei waren und somit also Ionen eingeschleppt werden.

Zu 3.: Man soll stets daran denken, daß die Schwefelsäure einen Blindwert verursachen kann.

Zu 4.—11.: Siehe Bestimmung des Eiweißes, Bemerkungen zu 3.—9. auf S. 68.

Zur Berechnung: Der Faktor ergibt sich aus der Normalität der Salzsäure (0,01), dem Atomgewicht des Stickstoffs (14) und der Umrechnung von 1 ml auf 100 ml Serum. $0,01 \times 14 \times 100 = 14$. Literatur siehe S. 70).

Oxydimetrische Bestimmung

Prinzip:
Die nach dem Enteiweißen in Lösung verbliebenen Aminoverbindungen werden durch Hypobromit oxydiert. Das überschüssige Hypobromit bestimmt man jodometrisch.

Reagenzien:

Trichloressigsäure, 20%ig (S. 125).

Natronlauge, 10%ig (S. 122).

Hypobromit-Reagenz: Unmittelbar vor der Verwendung mischt man 1 Teil Bromlösung (S. 117) und 9 Teile Boratpuffer (S. 117).

Salzsäure, etwa 5 n (S. 123).

Thiosulfat-Maßlösung, 0,01 n (S. 21).

Stärkelösung, 1%ig (S. 124).

Kaliumjodid, fest

Durchführung:

1. Pipettiere in ein trockenes Zentrifugenglas 1,00 ml Serum, 2,00 ml Wasser und 2,00 ml Trichloressigsäure, rühre gut um, lasse 5 min stehen und zentrifugiere 10 min bei 3000 U/min.

2. Pipettiere 1,00 ml der klaren überstehenden Lösung in eine Hagedorn-Eprouvette, gib dazu 0,5 ml Natronlauge und 5 ml Hypobromitlösung und lasse 2 min stehen.

3. Setze einige Kristalle Kaliumjodid sowie 2 ml Salzsäure und 1 Tropfen Stärkelösung zu und titriere mit der Thiosulfat-Maßlösung auf Farblos.

Neben jeder Bestimmung oder jeder Serie von Bestimmungen ist ein Leerwert zu bestimmen. Zu diesem Zweck mischt man 3,00 ml Wasser und 2,00 ml Trichloressigsäure, nimmt davon 1,00 ml und handle wie unter 2. und 3. beschrieben.

Berechnung:

$$(\text{ml Maßlösung für Leerwert} - \text{ml Maßlösung für Probe}) \times$$
$$\times n_{S_2O_3} \times 2330 = \text{mg\% RN}$$

Bemerkungen:

Der Titer der Thiosulfat-Maßlösung kann entweder mit Kaliumbijodat-Maßlösung (S. 21) bestimmt werden oder man verfährt wie folgt: 4,7154 g Ammoniumsulfat und 3 ml conc. Schwefelsäure löst man in etwa 500 ml Wasser, kühlt auf Zimmertemperatur ab und füllt mit Wasser auf 1000 ml auf. Zur Titerstellung verdünnt man diese Stammlösung 10fach, nimmt 1,00 ml dieser Verdünnung und behandle sie wie unter 2. und 3. beschrieben. Theoretischer Verbrauch: 2,14 ml Thiosulfat-Maßlösung.

Auf die oben beschriebene Art können Mengen bis zu 100 mg% RN bestimmt werden. Für höhere Werte reicht die Menge an Hypobromit nicht aus. In diesen Fällen muß man statt 1,00 ml des klaren Filtrates nur 0,50 ml nehmen. Bei der Berechnung ist dann mit 4660 zu multiplizieren. Die nach dieser Methode gefundenen Werte stimmen nicht ganz mit den nach Kjeldahl gefundenen RN-Werten überein.

Die Bestimmung läßt sich auch mit kleineren Mengen an Serum oder Vollblut durchführen: Pipettiere 0,2 ml Blut (aus der Fingerbeere) in 2 ml Wasser, gib 1 ml Trichloressigsäure zu und zentrifugiere. Pipettiere 2 ml der klaren Lösung ab und verfahre wie oben unter 2. und 3. beschrieben. Lasse parallel dazu einen Leerwert (2,2 ml Wasser und 1 ml Trichloressigsäure) laufen. Zur Berechnung multipliziere mit 3740.

Zur Berechnung: Der Faktor ergibt sich aus dem Äquivalentgewicht für Stickstoff $\left(\dfrac{14}{3}\right)$ sowie der Umrechnung von der zur Bestimmung verwendeten Menge des enteiweißten Serums $\left(\dfrac{1}{5} = 0{,}2\ \text{ml}\right)$ auf 100 ml $\left(\dfrac{14}{3} \times \dfrac{100}{0{,}2} = 2333\right)$.

Literatur

LEIPERT, TH., Mikrochemie **34**, 276 (1949).

RAPPAPORT, F., und F. EICHHORN, Analyt. chim. Acta **3**, 674 (1949).

Zucker

Zucker wird im allgemeinen im Vollblut bestimmt. Das Blut muß unmittelbar nach der Entnahme in eine Lösung gebracht werden, in der sich der Zuckergehalt nicht mehr ändert. Wird die Bestimmung in der Krankenanstalt durchgeführt, so pipettiert man das Blut nach Entnahme aus der Fingerbeere in die Zinksulfatlösung. Muß das Blut zwecks Bestimmung eingeschickt werden, so entnimmt man es aus der Vene (1—2 ml) und macht es durch Zusatz von einigen wenigen mg festen Natriumfluorids ungerinnbar. Das Natriumfluorid verhindert die Änderung des Blutzuckergehaltes während des Transportes. Man verfährt dabei wie folgt: Aus der Kanüle läßt man das Blut in ein trockenes Reagenzglas fließen, in dem sich einige mg festes Natriumfluorid befinden, verschließt das Glas und schwenkt einige Male vorsichtig um.

Es soll hier an erster Stelle die weitverbreitete Methode nach HAGEDORN-JENSEN beschrieben werden, obwohl allgemein bekannt ist, daß sie Überwerte liefert. Das dabei verwendete Reagenz Hexacyanoferrat(III) (Ferricyanid) wird nämlich nicht nur durch Zucker, sondern auch durch andere im Blut vorkommende Substanzen reduziert.

Wie bereits gesagt, kommt es bei vielen Routinemethoden, und so auch hier, mehr auf die Reproduzierbarkeit als auf den genauen Gehalt an. Die Bestimmung des Zuckers durch Reduktion von Hexacyanoferrat(III) liefert unter normalen Bedingungen um 20—30 mg% höhere Werte, als dem tatsächlichen Blutzuckerspiegel entspricht. Die diagnostische Beurteilung trägt im allgemeinen diesen höheren Werten Rechnung.

Bestimmung des Blutzuckers nach Hagedorn-Jensen

Prinzip:

Das Blut wird mit Zinkhydroxyd enteiweißt. Der im klaren Filtrat enthaltene Zucker reduziert bei alkalischer Reaktion Hexacyanoferrat(III) zu Hexacyanoferrat(II). Das überschüssige Hexacyanoferrat(III) oxydiert Jodid zu Jod, welches mit Thiosulfat titriert wird.

Reagenzien:

Zinksulfat-Gebrauchslösung: Aus Zinksulfatlösung (S. 125) durch Verdünnung von 1,00 ml auf 100 ml dest. Wasser.
Natronlauge, 0,1 n (S. 18).
Kaliumhexacyanoferrat(III)-Maßlösung (S. 120).
Kaliumjodid-Zinksulfat-Lösung (S. 120).
Essigsäure, 3%ig (S. 119).
Stärkelösung, 1%ig (S. 124).
Natriumthiosulfat-Maßlösung, 0,005 n (S. 22).
Kaliumjodat-Urtiterlösung, 0,00500 n (S. 21).

Durchführung:

1. Pipettiere in ein Reagenzglas 5,0 ml Zinksulfat-Gebrauchslösung.
2. Nimm mit einer Blutzuckerpipette 0,100 ml Blut, blase es in die Zinksulfatlösung, wasche die Pipette durch mehrmaliges Aufziehen und Ausblasen aus und setze 1 ml 0,1-n-Natronlauge zu.
3. Stelle das Reagenzglas auf 3 min in ein siedendes Wasserbad.
4. Filtriere die noch heiße Lösung durch ein „zuckerfreies" Filtrierpapier von 7 cm Durchmesser in ein Hagedornglas.
5. Wasche sowohl das Reagenzglas als auch das Filter zweimal mit je 3 ml heißem Wasser.
6. Entferne den Trichter und gib zum Filtrat 2,00 ml Kaliumhexacyanoferrat(III)-Maßlösung und stelle sofort auf genau 15 min in ein siedendes Wasserbad.
7. Kühle danach sofort durch Einstellen in ein Gefäß mit kaltem Wasser (Leitungswasser) ab.

8. Pipettiere zur abgekühlten Lösung 2 ml Kaliumjodid-Zink-sulfat-Lösung, 2 ml Essigsäure und 2 Tropfen Stärkelösung und titriere sofort mit der Natriumthiosulfat-Maßlösung bis zum Umschlag von Blau auf Farblos.

Berechnung:

Der Zuckergehalt wird auf Grund des Thiosulfatverbrauches der Tabelle (S. 114) entnommen. Der auf dieselbe Weise festgestellte Blindwert (S. 112) wird in Abzug gebracht.

Bemerkungen:

Zu 2.: Beim Aufziehen des Blutes in die Blutzuckerpipette soll man vermeiden, daß das Blut zu weit über die Marke aufgezogen wird. Man vergesse auch nicht, die Pipettenspitze mit Filterpapier abzuwischen!

Zu 3.: Es soll darauf geachtet werden, daß das Wasserbad tatsächlich siedet, d. h. es soll das Wasser durch Einsetzen der Reagenzgläser nicht zu stark unter den Siedepunkt abgekühlt werden (ausreichende Wassermenge!).

Zu 4.: Filterpapiere, die keine löslichen reduzierenden Stoffe enthalten („zuckerfrei"!), sind im Handel erhältlich. Die Brauchbarkeit dieser Papiere läßt sich wie folgt überprüfen: Man stelle zwei Blindversuche gemäß Punkt 1—8, jedoch ohne Zusatz von Blut an. Die eine Probe wird durch *ein* Filterpapier, die zweite durch *zwei* filtriert. Wenn die Resultate der beiden Experimente identisch sind, ist das Filterpapier frei von reduzierenden Substanzen. Ist dies nicht der Fall, muß ein anderes Filterpapier oder Watte benützt werden.

Da beim Ausgießen der Reagenzgläser ein Teil der Lösung an der Außenwand abrinnen kann, empfiehlt es sich, die Reagenzgläser mit einem Schnabel zu versehen. Dies kann man selbst machen, indem man den Eprouvettenrand bis zum Weichwerden des Glases erhitzt und dann mit einem Spatel von innen vorsichtig auf den Rand drückt. Ein anderer Weg, das Abrinnen zu verhindern, besteht darin, daß man den Außenrand der Eprouvette mit Vaseline oder Silicon einfettet.

Zu 5.: Wenn das siedende Wasser, mit dem man die Reagenzgläser und die Filter auswäscht, sicher frei ist von reduzierenden Substanzen — was selbstverständlich angenommen werden sollte —, so kommt es nicht darauf an, daß man genau 3 ml zum Waschen verwendet. Das Pipettieren des heißen Wassers kann leicht durchgeführt werden, wenn man Pipetten verwendet, deren bauchige Erweiterung sich unmittelbar über der Spitze befindet. Solche Pipetten füllen sich durch Einstellen in das heiße Wasser selbst.

Man pipettiert das heiße Wasser zunächst in die Eprouvette, schüttelt kräftig um und gießt den Eprouvetteninhalt auf einmal auf das Filter, wobei man achtgibt, daß die gesamte Oberfläche gewaschen wird. Es ist von Vorteil, wenn die Hagedorngläser, in die man filtriert, in kaltem Wasser stehen, damit alle Proben gleichmäßig gekühlt werden.

Zu 6.: Der Blutzuckerwert ist stark von der Erhitzungsdauer abhängig, weswegen die Zeit von 15 min genau einzuhalten ist. Das Wasserbad, in das man den Einsatz mit den Hagedorngefäßen gibt, muß sieden und soll soviel Wasser enthalten, daß es zu keiner zu starken Abkühlung durch die eingesetzten Gefäße kommt. Nach der abgelaufenen Zeit gibt man die Gläser sofort in kaltes Wasser. Je rascher und gleichmäßiger die Proben erwärmt und abgekühlt werden, desto besser ist die Reproduzierbarkeit.

Mit jeder Serie von Proben sollen zwei *Blindwerte* mitlaufen. Diese werden in der gleichen Art wie die Proben, jedoch ohne Zusatz von Blut ausgeführt. Der Blindwert kann durch verschiedene Faktoren bedingt sein. Eine schlecht eingestellte Hexacyanoferrat(III)-Maßlösung mit zu kleinem Titer macht sich als Blindwert bemerkbar, was durch Titration dieser Lösung festgestellt werden kann. Dies geschieht auf folgende Art: Pipettiere in das Hagedornröhrchen 2,00 ml der Hexacyanoferrat(III)-Lösung, 2 ml Kaliumjodid-Zinksulfat-Lösung, 2 ml Essigsäure sowie 2 Tropfen Stärkelösung und titriere sofort mit der Thiosulfat-Maßlösung. Es sollen 2,00 ml $0,00500$-n-Maßlösung verbraucht werden. Ergibt sich ein kleinerer Verbrauch unter Berücksichtigung des Titers der Thiosulfatlösung, so ist die Hexacyanoferrat(III)-Lösung zu schwach. Findet man einen größeren Verbrauch, so ist entweder die Hexacyanoferrat(III)-Lösung zu stark oder die Jodidlösung enthält freies Jod. Das Vorliegen von freiem Jod in der Jodidlösung kann man feststellen, wenn man die Kaliumjodid-Zinksulfat-Lösung mit Essigsäure und Stärkelösung versetzt. Es darf keine Färbung auftreten. Ist dies der Fall, so muß die Jodidlösung erneuert werden.

Ein durch das Filterpapier hervorgerufener Blindwert muß unbedingt vermieden werden. Da man heute Filterpapiere bekommt, die frei von reduzierenden Substanzen sind, so erübrigt sich die früher empfohlene Verwendung eines Wattebausches zum Filtrieren. Die Verwendung von Watte an Stelle von Filterpapier bringt keine Nachteile.

Nur durch Bereitung neuer Lösungen kann man jenen Blindwert beseitigen, der durch Verwendung eines schlechten „destillierten" Wassers hervorgerufen wurde. Am besten ist es, wenn man sich das Wasser für die Reagenzien durch Destillation frisch bereitet. Abgestandenes dest. Wasser enthält oft (besonders am Boden der Vorratsflasche) Mikroorganismen, die reduzierende Stoffe erzeugen.

Die Forderung, daß der Blindwert nicht größer sein soll als 10 mg%, wird nicht für jedes Laboratorium leicht zu erreichen sein, so daß sich die Frage erhebt, wie groß der Blindwert noch sein darf. Hier soll in erster Linie die Forderung aufgestellt werden, daß die 20—25 mg% nicht übersteigenden Blindwerte reproduzierbar sein müssen, daß sie also weder bei Parallelbestimmungen noch bei aufeinanderfolgenden Bestimmungen stark schwanken dürfen. Schwankungen im Blindwert bedeuten Fehler in der Arbeitsweise.

Tritt gar kein Blindwert auf, so ist meist eine Maßlösung falsch gestellt, die Bestimmung also ungenau. „Blindwertfreies" Arbeiten muß unbedingt zur Überprüfung der verwendeten Lösungen veranlassen.

Sehr oft wird die Frage gestellt, an welcher Stelle der Bestimmung man das Arbeiten unterbrechen und eine Pause einschieben darf. Wenn man das Blut aus der Fingerbeere entnommen hat, so muß es unmittelbar in die Zinksulfatlösung (Punkt 1) gegeben werden. Die Probe kann stundenlang stehen. Auch die filtrierten kalten Proben sind vor dem Zusatz des Hexacyanoferrat III einige Stunden haltbar. Nach Zusatz der Hexacyanoferratlösung soll sofort gekocht werden. Die hierauf abgekühlten Lösungen sind auch für kurze Zeit haltbar; es ist jedoch empfehlenswert, sie möglichst rasch zu titrieren. Auf keinen Fall soll man die Proben nach Zusatz von Kaliumjodid und Essigsäure stehen lassen.
Zu 8.: Wenn nach Zusatz von Stärke keine Blaufärbung eintritt, so bedeutet dies, bei sonst korrekter Durchführung, daß die verwendete Hexacyanoferrat(III)-Menge für den vorhandenen Blutzuckerspiegel zu gering war. Nach der hier beschriebenen Methode kann man Blutzuckerwerte bis zu 385 mg% bestimmen. Findet man einen so hohen Wert, so muß die Bestimmung unter Verwendung von 0,050 ml Blut wiederholt und der aus der Tabelle gefundene Blutzuckerwert nach Abzug des Blindwertes mit 2 multipliziert werden.

Bevor man aus der Tabelle den Blutzuckerwert abliest, errechnet man den Verbrauch an genau 0,00500-n-Natriumthiosulfatlösung nach der Formel:

$$\frac{\text{ml Thiosulfat} \times 0{,}005}{\text{Normalität Thiosulfat}} = \text{ml } 0{,}00500\text{-}n\text{-Thiosulfat}.$$

Tabelle zur Ermittlung des Blutzuckers

ml 0,005 u Thiosulfat-lösung	Hundertstel Millimeter										ml 0,005 u Thiosulfat-lösung
	0	1	2	3	4	5	6	7	8	9	
0,0	385	382	379	376	373	370	367	364	361	358	0,0
0,1	355	352	350	348	345	343	341	338	336	333	0,1
0,2	331	329	327	325	323	321	318	316	314	312	0,2
0,3	310	308	306	304	302	300	298	296	294	292	0,3
0,4	290	288	286	284	282	280	278	276	274	272	0,4
0,5	270	268	266	264	262	260	259	257	255	253	0,5
0,6	251	249	247	245	243	241	240	238	236	234	0,6
0,7	232	230	228	226	224	222	221	219	217	215	0,7
0,8	213	211	209	208	206	204	202	200	199	197	0,8
0,9	195	193	191	190	188	186	184	182	181	179	0,9
1,0	177	175	173	172	170	168	166	164	163	161	1,0
1,1	159	157	155	154	152	150	148	146	145	143	1,1
1,2	141	139	138	136	134	132	131	129	127	125	1,2
1,3	124	122	120	119	117	115	113	111	110	108	1,3
1,4	106	104	102	101	099	097	095	093	092	090	1,4
1,5	088	086	084	083	081	079	077	075	074	072	1,5
1,6	070	068	066	065	063	061	059	057	056	054	1,6
1,7	052	050	048	047	045	043	041	039	038	036	1,7
1,8	034	032	031	029	027	025	024	022	020	019	1,8
1,9	017	015	014	012	010	008	007	005	003	002	1,9

Literatur

HAGEDORN, H. C., und B. H. JENSEN, Biochem. Z. **137**, 92 (1923).

Komplexometrische Bestimmung des Blutzuckers

Prinzip:

Kupfer II wird in einer alkalischen Tartratlösung durch Zucker zu Kupfer(I)-oxyd reduziert und der Überschuß von Kupfer II ohne Entfernung des Kupfer(I)-oxyds mit ÄDTA gegen Murexid titriert.

Reagenzien:

Natriumwolframat-Natriumsulfat-Lösung (S. 122).
Schwefelsäure, 0,33 *n* (S. 123).
Kupferreagenz (S. 121).
ÄDTA-Maßlösung, 0,00500 *m* (S. 17).
Murexidlösung (S. 122).
Glukose-Standard-Lösung (S. 119).
Benzoesäurelösung, gesättigt (S. 117).

Unmittelbar vor der Bestimmung verdünnt man einen Teil Glukose-Standard mit 9 Teilen der Benzoesäurelösung; dies wird als *Glukoselösung* bezeichnet.

Durchführung:

1. Pipettiere in ein Zentrifugenglas 1,60 ml Natriumwolframat-Natriumsulfat-Lösung und 0,20 ml Blut und lasse 5 min stehen.
2. Gib dazu 0,20 ml Schwefelsäure, mische gründlich und zentrifugiere 5 min bei 3000 U/min.
3. Pipettiere 1,00 ml der klaren überstehenden Lösung in ein kurzes, weites Reagenzglas und versetze mit 1,00 ml Kupferreagenz.
4. Setze einen Blindwert an durch Mischen von 1 ml dest. Wasser mit 1,00 ml Kupferreagenz und einen Bezugswert durch Mischen von 1,00 ml Glukoselösung mit 1,00 ml Kupferreagenz.
5. Verschließe die Gläser mit wenig reiner Watte, mische durch und gib sie für genau 5 min in ein siedendes Wasserbad.
6. Kühle die Gläser durch Einstellen in kaltes Wasser sofort ab, setze 2 Tropfen Murexidlösung zu und titriere mit 0,005-m-ÄDTA-Maßlösung auf ein sich nicht mehr änderndes Violett.

Berechnung:

$$\frac{\text{Blindwert} - \text{Probe}}{\text{Blindwert} - \text{Bezugswert}} \times 100 = \text{mg\% Glukose.}$$

Literatur

STREET, H. V., Analyst **83**, 628 (1958)

Verzeichnis der Reagenzien

Acetatpuffer: Löse 30 g Natriumacetat und 2 ml conc. Essigsäure (= Eisessig) auf 1 l in dest. Wasser.

Alkohol-Aceton-Gemisch, 1 : 1: Mische 500 ml frisch destilliertes Aceton mit 500 ml frisch destilliertem Äthylalkohol.

Ammoniak, 3 n: Verdünne 250 ml conc. Ammoniak ($d = 0,9$) mit 750 ml auf Freiheit von Metallionen geprüftem dest. Wasser (S. 35). Verwahre die Lösung in einer Kunststoffflasche oder in einer Flasche aus Geräteglas, welche vorher gereinigt und speziell behandelt wurde (S. 34).

Ammoniumoxalatlösung: Löse 1 g Ammoniumoxalat in 100 ml dest. Wasser. Da die Lösung in der Komplexometrie Anwendung findet, ist das Wasser auf Freiheit von Metallionen zu prüfen (S. 35).

Ascorbinsäure, fest: Die Substanz muß in einem gut schließenden Gefäß trocken aufbewahrt werden.

Äthylalkohol, 95%ig: Der Alkohol kann auch vergällt sein, z. B. mit Methylalkohol oder Äther.

Äthylalkohol, gesättigt mit Natriumzinkuranylacetat: Löse etwa 100 mg Natriumchlorid in 0,5—1 ml dest. Wasser und versetze diese Lösung mit etwa 20 ml Zinkuranylacetatlösung. Filtriere den Niederschlag am besten durch eine kleine Nutsche ab, wasche ihn zweimal mit je 5 ml dest. Wasser und dann mindestens fünfmal mit je etwa 5 ml Äthylalkohol, 95%ig. Suspendiere den so erhaltenen Niederschlag von Natriumzinkuranylacetat in 500 ml Äthylalkohol 95%ig und schüttle ½ Stunde oder lasse unter zeitweiligem Umschwenken mindestens 3 Stunden stehen. Filtriere ab und bewahre die klare Lösung gut verschlossen auf. Der Niederschlag kann auch aufbewahrt und in der beschriebenen Art mehrmals benützt werden.

Ob die Lösung richtig bereitet wurde, prüft man auf folgende Art: Pipettiere 2 ml dieser Lösung in einen Titrierkolben, setze etwa 20 ml Äthylalkohol, 1 ml Natriumacetat-Essigsäure-Puffer, 3—6 Tropfen Dithizonlösung und 20 ml dest. Wasser zu und titriere mit 0,001-m-ÄDTA-Lösung bis zum Umschlag von Rot auf Gelb. Bei richtig bereiteter Lösung werden etwa

0,5 ml Maßlösung verbraucht. Anstelle des mit Natriumzink-uranylacetat gesättigten Äthylalkohols kann auch eine mit diesem Salz gesättigte conc. Essigsäure (Eisessig) benützt werden. Diese wird in der gleichen Art durch Schütteln mit dem gewaschenen Salz und Filtration bereitet. Für 2 ml dieser Lösung werden 1,6 ml ÄDTA-Maßlösung verbraucht.

Benzoesäurelösung, gesättigt: Löse 4 g Benzoesäure durch Erhitzen in etwa 500 ml dest. Wasser, versetze mit 500 ml dest. Wasser, lasse abkühlen und filtriere von der ausgefallenen Benzoesäure ab.

Boratpuffer: Versetze 57 g Borsäure und 38 g Natriumhydroxyd mit 500 ml dest. Wasser, koche auf, kühle ab und verdünne mit dest. Wasser auf 1 l.

Borsäurelösung, 2%ig: Löse 20 g Borsäure in 1 l dest. Wasser. Pipettiere 10,0 ml dieser Lösung in einen Titrierkolben und setze 50 ml dest. Wasser sowie 3 Tropfen Methylrot und 1 Tropfen Methylenblau zu. Zeigt die Lösung eine grüne Farbe so titriere mit *0,0100-n*-Salzsäure auf Stahlblau. Berechne die Menge an 0,100-*n*-Salzsäure, die zu 1 l Borsäure zugesetzt werden muß. Setze etwas weniger als berechnet zu, mische, entnimm 10 ml und prüfe mit 3 Tropfen Methylrot und 1 Tropfen Methylenblau die Reaktion. Titriere, wenn notwendig, noch einmal und neutralisiere mit 0,1-*n*-Salzsäure.

Die Lösung ist brauchbar, wenn auf Zusatz von Methylrot und Methylenblau eine stahlblaue Farbe entsteht, oder wenn diese durch 1 Tropfen 0,01-*n*-Salzsäure oder 1 Tropfen 0,01-*n*-Natronlauge hervorgerufen wird. Der Fehler ist dann bei der Bestimmung kleiner, da 2 ml und nicht 10 ml vorgelegt werden.

Bromlösung: Diese Lösung kann entweder aus elementarem Brom und Bromid oder durch Mischen von Bromat mit Bromid und Salzsäure bereitet werden.

Bereitung aus elementarem Brom und Bromid: Löse 20 g Kaliumbromid in 50 ml dest. Wasser und setze 8 g (= 2,5 ml) Brom zu. Sauge das Brom nicht mit dem Mund in die Pipette auf! Benütze zum Abmessen eventuell eine Bürette! Arbeite unter einem Abzug oder bei sehr guter Lüftung! Verdünne, wenn sich das Brom gelöst hat, mit dest. Wasser auf 1 l.

Bereitung aus Bromat und Bromid: Löse 30 g Kaliumbromid und 3 g Kaliumbromat in 1 l dest. Wasser und versetze die Lösung mit 10 ml conc. Salzsäure. Bewahre die Lösung in einer mit einem Glasstoppel gut verschlossenen Flasche auf.

Bromphenolblaulösung: Löse 0,1 g Bromphenolblau in 100 ml Alkohol.

Calciumchlorid, 2,5%ig: Da das Calciumchlorid, auch wenn es als wasserfreies deklariert wird, wechselnde Mengen an Wasser enthält, wägt man etwas mehr als notwendig ein. Löse 4 g Calciumchlorid (trocken) in 100 ml dest. Wasser. Den tatsächlichen Gehalt an Calciumchlorid bestimmt man nun komplexometrisch in folgender Art:
Verdünne 1,00 ml der obigen Lösung mit dest. Wasser auf 250 ml (frei von Metallionen!) und pipettiere 5,00 ml dieser Verdünnung in ein Titrierkölbchen. Setze 2 Tropfen Magnesium-ÄDTA (S. 121), 1 ml n-Salzsäure, 2 ml 3-n-Ammoniak und eine Spatelspitze Erio-T-Natriumchlorid-Gemisch zu und titriere mit der 0,00100-m-ÄDTA-Lösung bis zum Umschlag von Rot nach rein Blau.
Der theoretische Verbrauch beträgt 4,50 ml. Hat man z. B. 4,7 ml verbraucht, so verdünnt man die restlichen 95 ml auf

$$95 \times \frac{4,7}{4,5} \text{ ml.}$$

Calciumhydroxyd, fest: Gut verschlossen aufbewahren!

Calconlösung: Löse 0,5 g Calcon in 100 ml dest. Wasser.

Cholesterin-Stammlösung: Löse 35,0 mg Cholesterin zu 100 ml in reinem Aceton. Das Cholesterin wird so gereinigt, daß man es in heißem 95%igem Alkohol löst und das beim Abkühlen auskristallisierende Cholesterin abnutscht. Dieser Vorgang wird noch einmal wiederholt.

Dichlorphenolindophenol-Maßlösung: Löse 1 Tablette Dichlorphenolindophenol (Merck) auf 50 ml in dest. Wasser.

Dimethylgelblösung: Löse 0,5 g Dimethylaminoazobenzol in 100 ml Äthylalkohol.

Diphenylcarbazonlösung: Löse 0,1 g Diphenylkarbazon in 100 ml Alkohol.

Dithizonlösung: Versetze 0,1 g Diphenylthiokarbazon mit 100 ml Tetrachlorkohlenstoff und schwenke um. Die Lösung ist haltbar. Will man einen besonders schönen Umschlag bekommen, so verwende man mit Ammoniak gereinigtes Dithizon.

Eriochromschwarz-T-Natriumchlorid-Gemisch (Erio-T-Kochsalz): Verreibe innig 0,1 g Eriochromschwarz T und 10 g Natriumchlorid (p. a.!) und bewahre dieses Gemisch trocken auf.

Formel des Eriochromschwarz-T:

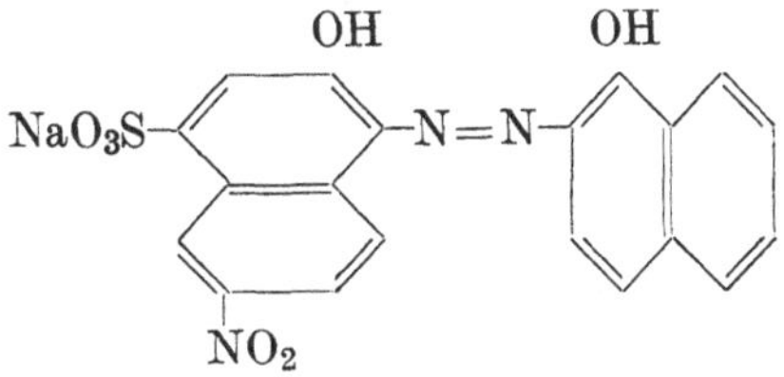

$$NaO_3S-\text{C}_6\text{H}_2(OH)(NO_2)-N=N-\text{C}_{10}\text{H}_5(OH)$$

Essigsäure, conc. (= Eisessig): Muß gut verschlossen aufbewahrt werden.

Essigsäure, 3%ig: Löse 3 ml conc. Essigsäure (Eisessig) zu 100 ml in dest. Wasser. Da diese Lösung auch in der Komplexometrie Anwendung findet, ist das dest. Wasser auf Freiheit von Metallionen zu prüfen (S. 35).

Essigsäure-Kochsalz-Phosphat-Lösung: Mische 25 ml conc. Essigsäure (= Eisessig) mit 75 ml isotoner Kochsalz-Phosphat-Lösung (S. 114).

Formaldehyd, 30—40%ig: Es kann das käufliche Formalin (Formol), das 30—40%ig ist, verwendet werden.

Glucose-Standardlösung: Trockne etwa 1 g Glucose in einem Vakuumexsiccator. Wäge davon 500,0 mg ein und löse diese auf 500 ml in gesättigter Benzoesäurelösung.

Isotone Kochsalz-Phosphat-Lösung: Löse 3,5 g Kaliumdihydrogenphosphat (= primäres Kaliumphosphat) und 7,25 g Dinatriumhydrogenphosphat-monohydrat(=sekundäresNatriumphosphat) auf 1 l in dest. Wasser. Kontrolliere den p_H-Wert der Lösung mit einem p_H-Meter und stelle eventuell die Lösung durch Zusatz von Trinatriumphosphat auf p_H 7 ein. Diese Phosphatlösung ist 0,0666 m. Mische einen Teil dieser Phosphatlösung mit 3 Teilen isotoner Kochsalzlösung (S. 120).

Kalilauge, 50%ig: Versetze in einem Kolben 50 g Kaliumhydroxyd mit 50 ml dest. Wasser und schüttle kräftig, bis sich alles löst. Kühle ab und fülle in eine Flasche mit Gummistopfen oder eine Kunststoffflasche.

Kaliumcarbonatlösung, gesättigt: Versetze etwa 120 g kristallisiertes Kaliumcarbonat mit 100 ml dest. Wasser.

Kalium-Fällungsreagenz: Lösung A: Löse 5 g Kobaltnitrat (kristallin) und 2,5 ml conc. Essigsäure (Eisessig) in 100 ml dest. Wasser. Lösung B: Löse 24 g Natriumnitrit in 36 ml dest. Wasser. Mische die gesamte Lösung A mit 42 ml der Lösung B. Sauge durch dieses Gemisch mit Hilfe der Wasserstrahlpumpe langsam so lange Luft durch, bis keine nitrosen Gase entweichen (braunes Gas mit charakteristischem Geruch). Im Kühlschrank ist die Lösung etwa 4 Wochen haltbar.

Kaliumhexacyanoferrat(III)-Maßlösung: Löse 1,650 g Kaliumhexacyanoferrat III (Kaliumferricyanid) p. a. und 10,6 g wasserfreies Natriumcarbonat p.a. zu 1000 ml in Wasser. Da es sich um eine Maßlösung handelt, ist ein Maßkolben von 1000 ml zu verwenden. Das Natriumcarbonat soll ganz trocken sein, weswegen sich empfiehlt, etwa 15 g in einem Trockenschrank oder über einem Bunsenbrenner zu trocknen und nach dem Abkühlen hiervon die Einwaage zu machen.
Prüfung des Titers der Lösung: Pipettiere 2,00 ml dieser Lösung in ein Titrierkölbchen oder eine Hagedorneprouvette, setze 2 ml Kaliumjodid-Zinksulfat-Lösung (S. 120), 2 ml Essigsäure, 3%ig (S. 119) und 2 Tropfen Stärkelösung (S. 124) zu und titriere mit der 0,005-n-Natriumthiosulfatlösung auf Farblos. Unter Berücksichtigung des Faktors der Thiosulfat-Maßlösung ergibt sich ein theoretischer Verbrauch von 2,00 ml einer 0,00500-n-Thiosulfatlösung.
Die Lösung muß im Dunkeln aufbewahrt werden. Titerkontrollen sind unbedingt erforderlich!

Kaliumjodid-Zinksulfat-Lösung: Löse 50 g Zinksulfat und 250 g Natriumchlorid zu 1 l in dest. Wasser. Diese Lösung ist unbegrenzt haltbar.
Löse 2,5 g Kaliumjodid p. a. in 100 ml dieser Zinksulfat-Natriumchlorid-Lösung.
Die Kaliumjodidlösung ist im Dunkeln aufzubewahren und nur etwa 1 Woche haltbar. Auf alle Fälle ist die Lösung zu verwerfen, wenn darin freies Jod nachweisbar ist.
Prüfung auf freies Jod: Versetze 2 ml der zu prüfenden Jodidlösung mit 2 ml 3%iger Essigsäure (S. 119) und 2 Tropfen Stärkelösung (S. 124). Es darf keine Färbung auftreten.

Kjeldahllauge: Wäge in ein 2 l fassendes Becherglas oder in einen ebenso großen weithalsigen Kolben 330 g Natriumhydroxyd p. a. ein. Setze auf einmal 670 ml dest. Wasser zu und rühre bzw. schüttle kräftig. Aus der sich erhitzenden Lösung steigen feinste Tröpfchen auf, die die Atemwege stark reizen. Fülle die Lösung, wenn sie abgekühlt ist, in eine Vorratsflasche mit Gummistoppel.

Kochsalzlösung, isoton, p_H 7: Löse 9,0 g Natriumchlorid p. a. zu 1 l in dest. Wasser und stelle unter der Kontrolle eines p_H-Meters die Lösung mit 0,1-n-Natronlauge auf p_H 7 ein.

Kupferacetatlösung: Löse 2,0 g Kupferacetat in 100 ml dest. Wasser.

Kupfer-ÄDTA-Lösung:
Lösung 1: Löse 1,5 g Kupfersulfatpentahydrat p. a. ($CuSO_4 \cdot 5\,H_2O$) in 100 ml dest. Wasser.
Lösung 2: Löse 3,7 g Dinatriumäthylendiamintetraacetatdihydrat ($Na_2H_2Y \cdot 2\,H_2O$) in 100 ml dest. Wasser.
Pipettiere 5,00 ml Lösung 1 in ein 100 ml Titrierkölbchen, verdünne mit 50 ml dest. Wasser und setze 2 Tropfen conc. Essigsäure zu. Erhitze zum Sieden, versetze mit 2 Tropfen PAN-Lösung und titriere aus einer 10-ml-Bürette langsam mit Lösung 2.
Wiederhole die Bestimmung. Es sei A ml das Mittel der beiden Bestimmungen.
Vermische 50 ml Lösung 1 mit $10 \times A$ ml Lösung 2, schüttle durch und bewahre im Vorratsgefäß auf.

Kupferreagenz, alkalisch:
Lösung A: Löse in einem Gemisch von 400 ml $0{,}1$-n-Natronlauge und 200 ml dest. Wasser 25 g Natriumcarbonat (wasserfrei) und 25 g Natriumkaliumtartrat.
Lösung B: Löse 6,0 g Kupfersulfatpentahydrat ($CuSO_4 \cdot 5\,H_2O$) in etwa 100 ml dest. Wasser.
Mische beide Lösungen und verdünne das Gemisch mit dest. Wasser auf 1 l.

Kupfersulfat-Kaliumsulfat-Lösung: Löse 2 g Kupfersulfat und 4 g Kaliumsulfat in 150 ml dest. Wasser.

Magnesiamixtur: Löse 2,0 g Magnesiumchlorid-hexahydrat ($MgCl_2 \cdot 6\,H_2O$), 3,0 g Ammoniumchlorid und 0,2 g Dikaliummagnesium-ÄDTA in 100 ml dest. Wasser und gib anschließend 20 ml conc. Ammoniak ($d = 0{,}9$) zu. Sollte die Lösung trübe sein oder mit der Zeit trüb werden, so filtriert man vom Niederschlag ab. Es darf auf keinen Fall eine trübe Lösung zur Fällung des Phosphats verwendet werden! Gut verschlossen ist die Lösung unbegrenzt haltbar.

Magnesium-ÄDTA-Lösung: Löse 0,5 g Dikaliummagnesium-äthylendiamin-tetraacetat in 10 ml dest. Wasser. Bewahre die Lösung im Dunkeln, am besten in einer schwarzen Flasche auf. Prüfe zeitweise den Blindwert und verwirf die Lösung, wenn der Blindwert über 0,1 ml $0{,}001$-m-ÄDTA-Lösung für 2 Tropfen der Magnesium-ÄDTA-Lösung ansteigen sollte.

Magnesiumchloridlösung, gesättigt: Versetze 6 g Magnesiumchloridhexahydrat ($MgCl_2 \cdot 6H_2O$) mit 10 ml dest. Wasser und schwenke um.

Methylenblaulösung: Löse 0,1 g Methylenblau in 100 ml dest. Wasser.

Methylrotlösung: Löse 0,1 g Methylrot in 100 ml Äthylalkohol.

Murexidlösung: Da Murexid in wässeriger Lösung unbeständig ist, muß die Lösung täglich frisch bereitet werden. Die Arbeit wird erleichtert und Substanz gespart, wenn man wie folgt verfährt: Gib in ein Zentrifugenglas 0,5 g Murexid, setze 2—3 ml dest. Wasser zu und schüttle. Zentrifugiere durch 2—3 min bei 3000 U/min, gieße die überstehende klare Lösung in ein kleines Gefäß und verwende sie als Indikator nur einen Tag lang. Das im Zentrifugenglas verbleibende feste Murexid wird am nächsten Tag zwecks Bereitung der Indikatorlösung in der gleichen Art mit Wasser behandelt.

Natriumacetatlösung, 33%ig: Löse 33 g Natriumacetat in 67 ml dest. Wasser.

Natriumacetat-Essigsäure-Puffer: Löse 120 ml conc. Essigsäure (Eisessig) und 50 g Natriumacetat zu 1 l in dest. Wasser.

Natriumhexanitritokobalt(III)-Lösung: Löse 3 g Natriumhexanitritokobalt (III) (Natriumkobaltinitrit) und 0,1 g Natriumnitrit in 10 ml dest. Wasser. Das Reagens ist bei kühler Aufbewahrung (Kühlschrank oder Kühlung durch fließendes Leitungswasser) etwa 4 Wochen haltbar. Zeigt es Änderungen in der Farbintensität oder beobachtet man sogar, daß alle Kaliumwerte nieder sind, so ist das Reagens sofort zu verwerfen.

Natriumoxalat, fest p. a.

Natriumwolframat-Natriumsulfat-Lösung: Löse 15 g wasserfreies Natriumsulfat und 6 g Natriumwolframatdihydrat zu 1 l in dest. Wasser.

Natronlauge 1 n: Löse 4 g Natriumhydroxyd in 100 ml dest. Wasser. Das Wasser muß frei sein von mehrwertigen Metallionen (S. 34). Bewahre die Lösung in einer Kunststoffflasche auf.

Natronlauge 2 n: Löse 8 g Natriumhydroxyd p.a. in 100 ml dest. Wasser (siehe unter Natronlauge 1 n!).

Natronlauge, 10%ig: Löse 10 g Natriumhydroxyd p. a. unter Rühren in 90 ml dest. Wasser. Bewahre die Lösung in einer Flasche mit einem Gummistopfen auf.

Palladiumchloridlösung, 0,02 n: Löse 0,1776 g Palladiumchlorid unter schwachem Erwärmen in 10 ml 0,1-n-Salzsäure und verdünne mit dest. Wasser zu 100 ml. Die Lösung ist nicht unbegrenzt haltbar. Es ist ratsam, sie im Dunkeln aufzubewahren. Die Zunahme der Färbung zeigt die fortschreitende Zersetzung an.

PAN-Lösung: Löse 0,05 g α-Pyridylazo-β-Naphthol in 100 ml Äthylalkohol.

Formel des PAN

$$\text{PAN: } \underset{\text{N}}{\text{Pyridyl}}-\text{N}=\text{N}-\underset{\text{OH}}{\text{Naphthyl}}$$

Paraffinöl = Paraffinum liquidum der Pharmakopoe.

Phenolphthaleinlösung: Löse 0,1 g Phenolphthalein in 100 ml Äthylalkohol.

Phenolphthaleinlösung in Wasser: Versetze 0,1 g Phenolphthalein mit 100 ml dest. Wasser und bringe es durch vorsichtigen Zusatz von 1-n-Natronlauge (S. 122) in Lösung. Diese Lösung soll nur einen schwachen Rosastich haben. Man soll es vermeiden, zuviel Natronlauge zuzusetzen!

Phenolrotlösung: Löse 0,1 g Phenolrot in 100 ml dest. Wasser.

Phosphatpuffer: Löse 44,4 g Dinatriumhydrogenphosphat und 34,0 g Kaliumdihydrogenphosphat (beide nach SÖRENSEN) in 200 ml dest. Wasser.

Salzsäure, 1 n: Verdünne 100 ml conc. Salzsäure ($d = 1,19$) mit 900 ml dest. Wasser, das auf Freiheit von Metallionen geprüft ist (S. 35).

Salzsäure, etwa 5 n: Mische 500 ml conc. Salzsäure mit 500 ml dest. Wasser.

Schwefelsäure, conc. p. a.: Die Schwefelsäure muß unbedingt in einer Flasche mit Glasstopfen aufbewahrt werden.

Schwefelsäure, 0,33 n: Pipettiere 10 ml conc. Schwefelsäure in 1 l dest. Wasser und kühle auf Zimmertemperatur ab. Pipettiere 5,00 ml davon in ein Titrierkölbchen, setze 3 Tropfen Methylrotlösung (S. 122) und 1 Tropfen Methylenblaulösung (S. 122) zu und titriere mit 0,1-n-Natronlauge bis zum Umschlag von Violett auf Stahlblau. Der theoretische Verbrauch an 0,100-n-Natronlauge beträgt 16,5 ml. Berechne aus dem tatsächlichen Verbrauch, wieviel Wasser noch zugesetzt werden muß, verdünne und titriere noch einmal. Wiederhole Wasserzusatz und Titration, wenn notwendig.

Schwefelsäure, 4 n: Pipettiere 10 ml conc. Schwefelsäure in 90 ml dest. Wasser und schwenke rasch um.

Stärkelösung, 1%ig: Verrühre 1 g Stärke in 20 ml gesättigter Natriumchloridlösung, erwärme unter kräftigem Schütteln in einem siedenden Wasserbad, bis sich die trübe Suspension weitgehend geklärt hat. Versetze nun die noch heiße Lösung mit 80 ml gesättigter Natriumchloridlösung. Der Zusatz von Natriumchlorid verhindert das Wachstum von Mikroorganismen und trägt somit zur Stabilität der Lösung bei. Verwirf die Lösung jedoch, wenn sie mit Jod keine Blaufärbung, sondern eine rote Farbe gibt.

Substrat für alkalische Phosphatase: Löse 0,55 g Natriumphenylphosphat in 100 ml Karbonatpuffer. Diesen Puffer bereite man durch Lösen von 6,36 g wasserfreiem Natriumkarbonat und 3,36 g Natriumhydrogenkarbonat auf 1 l in dest. Wasser. Der p_H-Wert beträgt 9,4.

Substrat für saure Phosphatase: Löse 0,55 g Natriumphenylphosphat in etwa 50 ml dest. Wasser, setze 5 ml 1-n-Essigsäure zu und verdünne mit Wasser auf 100 ml. Der p_H-Wert der Lösung soll 4,9 sein (p_H-Meter!). Sollte dies nicht der Fall sein, so stelle man ihn mit 1-n-Natronlauge bzw. Essigsäure ein.
Die 1-n-Essigsäure bereitet man durch Lösen von 60 ml conc. Essigsäure (= Eisessig) in 950 ml dest. Wasser. Stelle den Titer gegen Phenolphthalein mit 0,1-n-Natronlauge, nachdem die Essigsäure 10fach verdünnt wurde.

Trichloressigsäure, 10%ig: Löse 10 g Trichloressigsäure p. a. (!) in 90 ml dest. Wasser, das auf Freiheit von Metallionen geprüft wurde (S. 35).
Bei der Bestimmung von Magnesium nach Fällung von Calcium muß eine Trichloressigsäure verwendet werden, die frei ist von mehrwertigen Metallionen. Ist man nicht im Besitz einer solchen Trichloressigsäure, so muß man die vorhandene frisch destillieren. Man füllt zu diesem Zweck die feste, möglichst wasserfreie Substanz in den Destillationskolben, schließt daran ein langes Glasrohr oder einen Kühler, den man jedoch nicht mit Wasser kühlt, und erhitzt. Das Ende des Kühlers läßt man in einen Kolben ragen, den man von außen mit fließendem Wasser kühlt. Die Destillation muß unter dem Abzug durchgeführt werden, damit die nicht kondensierten Dämpfe abgesaugt

werden. Der Vorlauf wird, besonders wenn das Ausgangs-
material nicht wasserfrei war, verworfen.

Trichloressigsäure, 20%ig: Löse 20 g Trichloressigsäure in 80 ml
dest. Wasser.

Ureaselösung: Löse 6,9 g Natriumdihydrogenphosphat (primäres
Natriumphosphat) und 17,9 g kristallines Dinatriumhydrogenphosphat (sekundäres Natriumphosphat) auf 1 l in dest. Wasser.
Löse 0,5 g Ureasepulver oder die entsprechende Menge an Tabletten in 10 ml des obigen Phosphatpuffers. Die Lösung muß
kühl aufbewahrt werden und ist nur beschränkte Zeit haltbar.
Nach E. J. CONWAY kann man die Ureaselösung aus Sojabohnenmehl auf folgende Art herstellen: Wasche 22 g Permutit
zunächst mit 3%iger Essigsäure, dekantiere und wasche 2mal
mit Wasser. Gib zum Permutit 45 g Sojabohnenmehl und 75 ml
Wasser, schüttle ½ Stunde und versetze mit 225 ml Glycerin.
Filtriere und verdünne zum Gebrauch 1 ml dieses Glycerin-
extraktes mit 9 ml des oben beschriebenen Phosphatpuffers.
Der Glycerinextrakt ist in der Kälte sehr lange haltbar.

Ureasepulver: Das Pulver ist trocken und gut verschlossen aufzubewahren. Statt Pulver können auch Tabletten oder auch mit
Ureaselösung getränkte und wieder getrocknete Papiere verwendet werden.

Wasserstoffsuperoxyd, 30%ig: Die Lösung muß in gut verschlossenen Kunststoffflaschen oder paraffinierten Glasflaschen aufbewahrt werden.

Zinksulfatlösung, 45%ig: Löse 45 g Zinksulfat in 55 ml dest.
Wasser. Diese Lösung ist für die Blutzuckerbestimmung
100fach zu verdünnen.

Zinkuranylacetatlösung:
Lösung A: Löse 77 g Uranylacetat und 14 ml conc. Essigsäure
(Eisessig) unter Erwärmen in 500 ml dest. Wasser.
Lösung B: Löse 231 g Zinkacetat und 7 ml conc. Essigsäure
(Eisessig) unter Erwärmen in 500 ml dest. Wasser.
Mische die noch heißen Lösungen A und B und lasse sie nach
dem Abkühlen 24 Stunden stehen. Filtriere vom eventuell ent-
standenen Niederschlag ab.

Sachverzeichnis